Jeffrey Goettemoeller & Karen Lucke

Stevia

Anbau • Ernte • Rezepte

Das süße Blatt vom Garten auf den Tisch
mit 35 Rezepten

Stevia – Anbau – Ernte – Rezepte - ist ausschließlich für informative Zwecke verfasst. Es beabsichtigt nicht, medizinische Beschwerden zu diagnostizieren, heilen, verschreiben oder vorzubeugen oder den Rat von lizensierten ganzheitlichen Medizinern zu ersetzen.
Stevia – Anbau – Ernte – Rezepte - setzt nicht voraus, alle Informationen des Themas abzudecken. Obwohl die Richtigkeit des Inhalts angestrebt wurde, können Fehler in Inhalt und Typografie auftreten. Die Autoren und Verleger übernehmen keine Verantwortung oder Haftung für jedweden vermeintlichen oder wahren Schaden, der, direkt oder indirekt, durch Informationen, die in diesem Buch enthalten sind, versursacht wurde. Die Angabe von Firmennamen, Kontaktinformationen, Websites, Produktnamen und anderen Quellen geben nicht die Meinung der Autoren und Verleger wieder.

Impressum

Mathias Lempertz GmbH
Hauptstr. 354, 53639 Königswinter
Tel.: 02223 / 900036, Fax: 02223 / 900038
info@edition-lempertz.de, www.edition-lempertz.de

Die deutsche Ausgabe folgt der amerikanischen Originalausgabe
Growing and Using Stevia (original US title)

Diese Ausgabe wird veröffentlicht in Absprache mit Prairie Oak Publishing,
221 South Saunders St., Maryville MO 64468, www.PrairieOakPublishing.com

Deutsche Übersetzung: Katrin Thull
Lektorat: Sarah Petrovic
Umschlagentwurf: Ralph Handmann
Satz und Layout: Ralph Handmann

Printed and bound in Italy

ISBN: 978-3-941557-18-5

Inhalt

Abbildungen

Danksagung

Die Autoren danken ihrer Mutter, Bertha Goettemoeller. Sie half großzügigerweise dabei, viele Rezepte in diesem Buch mitzuentwickeln. Ein Dank geht auch an die anderen Familienmitglieder, die auf verschiedene Weise mitgeholfen haben, besonders als Geschmackstester!

Dr. Alex Ching verdient einen besonderen Dank. Als Professor der Northwest Missouri State University machte er Jeffrey mit der Steviapflanze und anderen faszinierenden Pflanzen bekannt. Er war immer voller Energie und voller Enthusiasmus, besonders, was sein Vertrauen anging und auf Grund der Pflanzen, die Landwirten und Konsumenten weiterhelfen können. Im Jahre 1998 eröffnete Dr. Ching Jeffrey die Möglichkeit, ein Forschungsprojekt für Studenten mit dem Thema *Samenkeimung von Stevia rebaudiana* zu leiten. Ein Link zu den Resultaten der Studien kann unter www.steviaseed.com gefunden werden.

Stevia, das süße Blatt aus Südamerika

Die Blätter von *Stevia rebaudiana* sind viel süßer als gemeiner Zucker. Kein Wunder, dass sie manchmal in Paraguay und Brasilien, wo die Pflanze beheimatet ist, „süßes Blatt" genannt wird. Blätter der Steviapflanze erhöhen den Blutzuckerspiegel nicht, enthalten kaum Kalorien[1] und verursachen kein Karies[2] . All diese Faktoren machen Stevia zu einer großartigen Alternative für Zucker und künstliche Süßstoffe.

[1] Eine Studie aus dem Jahre 2004 bestätigt, dass Steviablätter weniger Kalorien enthalten als Aspartame, viel süßer ist als Rohrzucker, und einen niedrigeren Blutzuckerindex verglichen mit Rohrzucker, hat: S. M. Savita u.a., 2004 „Stevia rebaudiana – A Functional Component for Food Industry", Journal of Human Ecology 15 (4): S. 261-264.

[2] Eine Studie des University Of Illinois College of Dentistry fand heraus, dass weder Stevioside noch Rebaudioside A (die hauptsächlichen süßen Glykoside in der Steviapflanze) innerhalb der Konditionen der Studie kariogen (Karies begünstigend) sind. S. a. Das u. a., 1992, „Evaluation of the Cariogenic Potential of the Intense Natural Sweeteners Stevioside and Rebaudioside A", *Caries Research*, 26 (5), S. 363.

Stevia schmeckt nicht genauso wie Zucker. Die Pflanze hat einen einzigartigen Geschmack - so wie Honig oder Ahornsirup auch eigene Geschmacksrichtungen haben -, besonders die gesamte grüne Steviapflanze. Die meisten Leute finden den Geschmack angenehm, wenn die richtige Menge benutzt wird, um zum Beispiel Tee zuzubereiten, oder kombiniert mit passenden Zutaten.

Das Problem mit raffiniertem Zucker

Warum Zucker vermeiden? In moderaten Mengen ist Zucker vertretbar, aber raffinierter Zucker fügt der täglichen Ernährung eine Menge Kalorien hinzu, allerdings ohne signifikante Mengen von Nährstoffen. Die durchschnittliche amerikanische Ernährung beinhaltet so viele dieser leeren Kalorien, dass nur wenig Raum für die benötigten Nährstoffe bleibt. Dies kann zu Fehlernährung und Übergewicht führen.
Eine Studie von 2005, durchgeführt vom Staat Pennsylvania, fand heraus, dass der durchnittliche U. S. Vorschüler täglich 14–17 TL *zugefügten* Zucker pro Tag[3] zu sich nimmt! Zwölf Prozent der 4-5 jährigen, die untersucht wurden, bekommen mehr als 25 % ihrer täglichen Kalorien aus zugefügtem Zucker. Die-se Kinder hatten außerdem den niedrigsten Verbrauch der meisten Nährstoffe. Sie bekommen nicht ausreichend Getreide, Gemüse, Früchte und andere nährstoffreiche Nahrungsmittel.
Ein anderes Problem mit raffiniertem Zucker, weißem Mehl und anderen Lebensmitteln mit hohem glykämischem Gehalt ist, dass sie schnell in die Blutlaufbahn übergehen, was zu schnellen Schwankungen des Blutzuckerlevels führt. Abschließend kann zuviel Zucker zu Zahnfäulnis und mehr verbrachter Zeit in der Zahnarztpraxis führen.

[3] S. Kranz, H. Smiciklas-Wright, A. M. Siega-Riz und D. Mitchell, 2005, „Adverse Effects of High Added Sugar Consumption on Dietary Intake in American Preschoolers", *Journal of Pediatrics,* 146 (1), S. 105-111.

Wie verhalten sich künstliche Süßstoffe?

Künstliche Süßstoffe haben auch Nachteile. Aspartame zum Beispiel sollte nicht zum Kochen verwendet werden. Wenn es erhitzt wird, splittet es sich in seine einzelnen Bestandteile auf. In verstärktem Maße ist Aspartame eine Hauptursache von Gesundheitsbeschwerden, gemeldet bei der FDA (U. S. Food and Drug Administration)[4] . Stevia, auf der anderen Seite, hat zu keinen Meldungen von Gesundheitsproblemen geführt, obwohl es seit den 1970er Jahren in großen Mengen, zum Beispiel in Ländern wie Japan[5], benutzt wird.

Stevia kaufen

Steviaprodukte sind in Bioläden und Reformhäusern sowie bei Onlineverkäufern erhältlich. In Kapitel 8 werden die vollständigen Informationen und Umsetzungen aufgeführt. Getrocknete oder frische (gesamte) Blätter lassen sich hervorragend dazu benutzen, Kräutertee herzustellen. Wenn die getrockneten Blätter pulverisiert werden, erhält man grünes Stevia Pulver, welches einen einzigartigen Geschmack hat. Es lässt sich gut bei bestimmten Rezepten verwenden und enthält nützliche Nährstoffe wie zum Beispiel Chrom. Weil es aus selbstgezüchteten Pflanzen hergestellt ist, ist grünes Stevia Pulver das Hauptprodukt, das in den Rezepten dieses Buches verwendet wird.
Weißes Steviaextrakt Pulver ist etwa zu 90 % glykämisch (die hauptsächlich süßenden Bestandteile von Stevia). Mit den richtigen Änderungen funktionieren die meisten Rezepte gut mit Extrakt aus Steviapulver. Es hat wenig Eigengeschmack. Schauen Sie nach einem Produkt ohne Füllstoffe wie Maltodextrin (Glukosesirup). Diese Füllstoffe steuern üblicherweise Kohlenhydrate bei. Außerdem ist reines Extrakt aus Steviapulver oder grünes Stevia Pulver der bessere Kauf. Jeffreys Buch *Stevia - Das Rezeptbuch* beinhaltet hauptsächlich Rezepte, in denen Extrakt aus Steviapulver verwendet wird.

---

[4] Vergl. Centers for Disease Control (CDC), 1984, „Evaluation of consumer complaints related to aspartame use“. MMWR, *Morbidity and Mortality Weekly Report*, 33 (4), S. 607-5.

[5] Vergl. Daniel Mowery, Ph. D., [Life with Stevia: How sweet it is!], 1992. Online erhältlich unter: http://healthfree.com/stevlife.html.

Warum Stevia verwenden?

Der Grund Leute anzuregen Stevia zu verwenden oder zu künstlichen Süßstoffen zu greifen ist, Kalorien und Schwankungen des Blutzuckerspiegels zu vermeiden. Aber *Stevia Raubadiana* ist in keinster Weise künstlich. Stevia ist ein Kraut, das seit Jahrhunderten verwendet wird! Noch wichtiger ist, dass Stevia eine sichere Erfolgsgeschichte hat und hilft, Gerichte schmackhaft zu machen, wenn es in der richtigen Menge verwendet wird.

1 Über die Steviapflanze

Beschreibung der Pflanze

Stevia Raubadiana ist eine faszinierende Pflanze, heimisch in den höheren Lagen Paraguays und Brasilien in Südamerika. Stevia ist der Gattungsname. Rebaudiana die Spezies. Wenn wir in diesem Buch „Stevia" sagen, berufen wir uns auf diese besondere Spezies. Nur diese eine Spezies - unter den vielen, die man in Südamerika finden kann - enthält die hohe Konzentration der süßen Glykoside, die dieses „süße Blatt" zu einem solchen brauchbaren und erstaunlichen Kraut macht.

Die Pflanze scheint eine Eigenschaft inne zu haben, die viele Insekten davon abhält, die Blätter zu verspeisen. Vielleicht entwickelte Stevia ihre Glykoside als eine Adaptierung, um sich vor Insektenattacken zu schützen.

Stevia ist keine sonderlich auffallende Pflanze. Der süße Geschmack ist ihre bemerkenswerteste Eigenschaft. Die Blätter sind viel süßer als die Stängel. Es ist ein nichtholziges Kraut mit einigermaßen steifen und brüchigen Stängeln. Die Blätter sind schmal und an den Seiten und Enden eingekerbt, die Länge beträgt etwa 25 – 76 mm.

Pflanzen, die aus Samen aufgezogen wurden, haben manchmal längere Blätter als Pflanzen, die aus Stecklingen gezogen wurden. Die Pflanzen in Kultivierung erreichen normalerweise eine Höhe von 60 – 75 cm. Ältere Pflanzen können neue Triebe aus der Erde hervorbringen.

Die Blüten der Steviapflanze sind weiß, winzig und so vielzählig, dass blühende Pflanzen wie Wolken aussehen können. Stevia ist eine zarte, mehrjährige Pflanze, was konkret bedeutet, dass sie den Winter überlebt, aber nur, wenn dieser mild ist. Dies würde subtropische Regionen in Nordamerika wie Florida, die Golfküste und die Küstengebiete von Kalifornien beinhalten. Ungeschützte Pflanzen überleben normalerweise keine Temperaturen unter – 4° Grad Celsius für längere Zeit.

Lichtverhalten

Stevia kann dort als einjährige Pflanze gesetzt werden, wo kalte Winter mehrjährige Produktion verhindern. Es gibt Vorteile, Stevia in höheren Breitengraden, die näher an den Polen liegen, anzupflanzen. Das hängt mit den längeren Sommertagen zusammen.
Stevia ist eine Pflanze für „kürzere Tage". Das bedeutet, dass sie normalerweise blüht, wenn die Tage im späten Sommer und Herbst kürzer werden. Im nördlichen Missouri (etwa 40° nördlicher Breitengrad) fangen die meisten Steviapflanzen nicht vor dem späten September an zu blühen – zu spät für die Ernte von Samen. Die positive Seite ist, dass die Pflanzen in höheren Breitengraden den ganzen Sommer unter langen Tageslichtperioden wachsen können. Lange Tage haben den gegenteiligen Effekt von kurzen Tagen. Sie fördern eher das Blatt- als das Blütenwachstum, was zu höheren Blatterträgen und einer höheren Konzentration von süßen Glykosiden führt.
Viele Regionen mit kalten Wintern sind großartig für die Steviablattproduktion im Sommer. Aber subtropische Regionen mit milden Wintern erlauben eine längere Wachstumsperiode, mehrjährige Kultur und Samenproduktion im Freiland.

Wildwachstum von Stevia

Stevia scheint dazu zu tendieren, wild in der Nähe von Gewässern zu wachsen, wo der Boden feucht, aber nicht wassergesättigt, ein wenig sandig und hoch an organischen Bestandteilen ist. Ihr heimischer Bereich ist subtropisch.
Wildwachsende Stevia scheint sich vornehmlich durch natürliche Schichten (auf dem Boden liegende Baumstämme, die wieder Wurzeln geschlagen haben) oder Ausläuferbildung (Triebe, die von Wurzeln nahe der am Boden liegenden Krone) zu vermehren. Blüten werden im Überfluss produziert und durch Wind oder Insekten bestäubt. Die winzigen, schmalen Samen sind hellbraun oder schwarz. Aber die Samen von Windpflanzen sind oftmals nicht brauchbar[6].

---

[6] Vergl. Clinton C. Shock, 1982, „Rebaudi's stevia: natural noncaloric sweeteners", California Agriculture, September-Oktober, S. 4f.

2 Freilandboden und Kultur

Stevia wächst in den meisten Gartenböden, bevorzugt aber sandigen Lehmboden oder Lehm, der reich an organischen Stoffen ist. Stevia will in der Regel wie andere Kräuter oder Gemüsesorten behandelt werden, ist allerdings ein wenig sensibler, was das Austrocknen auf der einen Seite und Wasserstau auf der anderen angeht. Stevia verträgt ein weites Spektrum an pH-Werten des Bodens. Ihre heimische Bodenbeschaffenheit ist eher sauer.

Entscheidende Punkte, um Stevia anzubauen, sind folgende:

1. Kompost, organisches Material
2. Hochbeete für schwere Böden
3. Stetige Bodenbewässerung

Kompost herstellen

Kompostieren kann schreddern, regelmäßiges Wenden und den Gebrauch von einem Kipper beinhalten, aber es gibt eine einfachere Methode, wenn es Ihnen nichts ausmacht, etwas länger zu warten. Nehmen Sie zwei Behälter, die ca. 1 m breit und ca. 80 cm hoch und aus Maschendraht, Ziegelsteinen, Plastik oder Holz gefertigt sind, mit Löchern für Ventilation. Legen Sie 8 bis 15 cm kohlenstoffreiches Material hinein, so wie Blätter, Stroh oder altes Heu, auf den Boden einer der Behälter. Werfen Sie Ihren Bioabfall täglich in den Behälter und bedecken Sie ihn wieder mit kohlenstoffreichem Material. Wenn der Behälter voll ist, benutzen Sie den anderen Behälter, den einen lassen Sie ein paar Monate stehen und wenden den Inhalt ab und zu mit einer Mistgabel. Sollte es für einige Wochen nicht regnen, wässern Sie den Haufen. Für mehr Kompost nehmen Sie Dung vom Bauernhof und schichten es mit trockenem Material in einem Behälter auf. Lassen Sie den Behälter einige Monate stehen und durchmischen Sie den Inhalt gelegentlich. Verteilen Sie den Kompost einige Zentimeter (5 – 6 cm) auf Ihren Hochbeeten, arbeiten Sie ihn in den Boden ein oder sieben Sie ihn, um ihn mit Blumenerde zu vermischen. Kompost kann auch um schon gepflanzte Pflanzen angehäuft werden.

Gartenboden

Eine gute Möglichkeit, schweren, hoch lehmhaltigen Boden oder leichten, sandigen Boden zu verbessern, ist es guten Kompost einzuarbeiten. Unterschiedliche Komposte und kompostierte Dünger kann man kaufen oder selbst herstellen. In den meisten Fällen ist guter Kompost der einzig nötige Dünger.
Wenn Ihr Boden harte Brocken formt, wenn er nach Regen abtrocknet und stehendes Wasser zu langsam abfließt, werden Steviapflanzen wahrscheinlich nicht glücklich sein. Hochbeete können aus dieser Situation helfen. Hochbeete sind großartig für eine verbesserte Drainage bei schweren Böden und werden helfen, Bodenverdichtung zu verhindern.

Düngung

Stevia ist nicht anspruchsvoll. Guter Kompost ist wahrscheinlich der beste und einzige Dünger, der benötigt wird. Die langsame Freisetzung von Nährstoffen aus organischem Material ist die ideale Abgabemethode für das gute Wachstum von Stevia. Chemische Dünger könnten zu schnell aufgenommen werden, was zwar üppiges Wachstum fördert, jedoch produzieren die Pflanzen weniger Glykoside und sind eher empfänglich für Krankheiten.
Ein Übermaß an Nitrogen im Besonderen kann ein Problem darstellen, vor allem in fertig erhältlichen chemischen Düngern. Wenn man einen chemischen Dünger verwendet, sollte er eine gewisse Ausgewogenheit an Nitrogen, Phosphor und Potassium haben, oder mehr Phosphor und Potassium als Nitrogen beinhalten.
Ein Garten kann von einem Bodentest profitieren, der von einem erweiterten Zweig Ihrer lokalen Universität (in der USA) oder einem privaten Testlabor durchgeführt werden kann. Außerdem gibt es Testsets für den Hausgebrauch. Bei schweren Lehmböden ist Potassium normalerweise in adäquatem Grad präsent. Ausreichend Nitrogen kann durch Beigabe von Fischdünger, Kompost, kompostiertem Dung oder durch eine Menge an Hülsenfrüchten, „grünem Dünger“, erreicht werden. Phosphor sollte erhöhte Aufmerksamkeit gegeben werden. Für organische Gärten kann Phosphor durch Bestäuben von Felsphosphat oder Knochenmehl zugeführt werden, bevor man den Kompost in den Boden einarbeitet. Dieser wird sich allmählich aufspalten und für Jahre im Boden verfügbar sein.

Hochbeete bauen

Bevor Sie das Bett bauen, breiten Sie Kompost oder anderen Dünger auf dem Boden aus. Pflügen oder graben Sie den Garten tief um. Die Erde sollte für diese Arbeit fast trocken sein. Sie sollten in der Lage sein, eine Handvoll Erde in der Hand zu zerdrücken, sodass sie bricht, wenn sie zu Boden fällt.

Markieren Sie die Kanten des Beets mit Schnüren oder Schläuchen. Die normale Beetbreite ist etwa 1 bis 1,25 m. Sie sollten vom Rand aus die Mitte des Beets erreichen können. Vielleicht möchten Sie auch Pfade, die breit genug sind, um eine Schubkarre schieben zu können.

Graben Sie die Erde von den Pfaden und werfen Sie sie auf die Beete, bis sie etwa 8 bis 20 cm höher als die Wege sind. Sie können zur Abgrenzung Plastik, Ziegelsteine oder Holz verwenden. Das macht es einfacher Rasenabdeckmaterial auf den Pfaden zu verwenden, die von Holzstücken, Steinen oder Terrassenplatten bedeckt sind. Holzabgrenzungen sollten unbehandelt sein. Eine verrottungsarme Holzart wie Zedernholz hält länger.

Beete ohne Seitenbegrenzung benötigen manchmal eine Nachformung. Bauen Sie ein flaches Beet mit abfallenden Seiten oder einem tiefen Bogen, der allmählich zum Pfad geneigt ist.

Die Idee der Hochbeete ist es, auf den Pfaden und nicht auf den Beeten zu gehen. Das Fehlen von Verdichtung, kombiniert mit Mulchen, Kompost und Aktivität von Regenwürmern wird schließlich einen fruchtbaren, einfach zu bearbeitenden Boden ergeben.

2-1: Hochbeete. Im Vordergrund Hochbeete mit Abgrenzungen aus Zedernholz und ohne Abgrenzungen im Hintergrund.

Grüner Dünger

Eine Ernte von „grünem Dünger" kann die Bodenbeschaffenheit verbessern und organisches Material hervorbringen. Es bedeutet, dass man eine bestimmte Sorte von Pflanzen anpflanzt und diese untergräbt. Hülsenfrüchte wie Bohnen oder Erbsen fügen Nitrogen hinzu. Getreidearten wie Hafer, Weizen oder einjähriger Roggen entwickeln ein dichtes Netz feiner Wurzeln, die die Bodenbeschaffenheit verbessern. Erbsen und Hafer lassen sich gut bei kühleren Wetterbedingungen verwenden. In Gegenden mit kalten Wintern baut man Hafer an, ohne ihn abzuernten, damit im folgenden Jahr kein Grasproblem auftritt. Warten Sie ein paar Wochen zwischen dem Einarbeiten von den den Boden bedeckenden Anbaupflanzen und dem Anpflanzen Ihrer Pflanzen, um dem Boden Zeit zum Aufspalten zu geben.

Umpflanzen

Steviasamen sind so klein und teuer, dass direktes Säen in das Beet nicht empfohlen wird. Das Ziel sollte sein, Pflanzen aus Samen oder aus Stecklingen zu ziehen. Mehrere kleine Baumschulen, die per Post verschicken, verfügen über die perfekte Verpackung, welche die erfolgreiche Versendung von Steviapflanzen garantiert. Beachten Sie den Anhang für eine Liste von Anbietern.
Einige lokale Gärtnereien, Baumschulen und Bauernmärkte bieten ebenfalls Steviapflanzen an. Fragen Sie herum und finden Sie heraus, ob Sie die Pflanzen in Ihrer Umgebung finden können. Sie könnten Pflanzen auch selber verbreiten. In Kapitel 4 und 5 wird beschrieben, wie Sie Ihre eigenen Pflanzen aus Samen oder Stecklingen ziehen können.

Standort

Wenn man verschiedene Standorte zur Auswahl hat, sollte man einen sonnigen Platz wählen, denn Stevia bevorzugt volle oder partielle Sonneneinstrahlung. Wenn Ihre Sommer sehr heiß sind, ist Nachmittagsschatten förderlich. Sie sollten Ihre Pflanzen und die frisch umgepflanzten Pflänzchen während der heißesten Sommerperioden sogar mit einer Art Stoff oder anderem Material abdecken (s. Abbildung 2-2).Wenn die Sommer eher kühl und wolkig sind, erlauben Sie den Pflanzen soviel Sonne wie möglich. Versuchen Sie Standorte, die zu Wasserstau neigen, zu meiden. Hochbeete sind an einem solchen Standort hilfreich.

2-2: Hochbeete mit Schattenabdeckung.
Plastikfolie mit Löchern an einen Rahmen aus Maschendraht angebracht bietet Schatten an einem heißen Tag.

Am Tag des Umpflanzens

Versuchen Sie, die Pflanzen an einem wolkigen Tag oder am Abend umzupflanzen. Benutzen Sie eine Pflanzkelle, um die Pflanzen ein wenig tiefer zu setzen, als sie im Topf waren, etwa 30 – 35 cm auseinander. In einem Beet mit einer Breite von ca. einem Meter kann man zwei Reihen Pflanzen unterbringen. Drücken Sie die Erde mit den Händen um die Pflanzen sachte fest. Vermeiden Sie, auf dem Beet zu knien oder zu gehen. Wässern Sie die Pflanzen reichlich, aber schonend. Die Pflanzen wachsen anfangs langsam, mit wärmerem Wetter werden sie aber an Wachstum zunehmen.

2-3: Hochbeete mit Steviapflanzen.
Diese Hochbeete sind 1 x 1,5 m groß mit sechs Pflanzen pro Beet.

Die richtige Zeit zum Umpflanzen

Die richtige Zeit in Gegenden mit kalten Wintern

In Gegenden mit kalten Wintern pflanzen Sie die Pflanzen höchstens zwei Wochen nach dem letzten durchschnittlichen Frosttag um. Im nördlichen Missouri zum Beispiel, USDA Winterhärte Zone 5 (USDA = Unites States Department for Agriculture, Landwirtschaftsministerium der Vereinigten Staaten), liegt der letzte Frosttag in der ersten Maiwoche. Finden Sie Ihren letzten Frosttag online heraus oder fragen Sie bei einer örtlichen Gärtnerei, Baumschule oder Universität nach. Steviapflanzen mögen keine kalte Erde und Luft im Frühling. Härten Sie die Pflanzen 4 bis 6 Tage, bevor Sie sie umpflanzen, ab, indem Sie sie draußen an eine geschützte Stelle stellen. Holen Sie sie über Nacht wieder herein, wenn die Temperaturen laut Wettervorhersage unter 4° Grad Celsius fallen sollten.

Die richtige Zeit für frostfreie Gegenden oder Aufzucht im Gewächshaus

In einem frostfreien Klima oder in einem Gewächshaus ohne künstliches Licht wird das früheste Umpflanzdatum mehr von den Tageslichtstunden als von den Außentemperaturen bestimmt. Wenn die Pflanzen durchweg weniger als 12 bis 13 Stunden dem Tageslicht während einer 24 Stunden Periode ausgesetzt sind, werden sie eher früher entsamen, als die maximale Menge an Blättern produzieren. In der nördlichen Hemisphäre (Europa, Nordamerika usw.) können Sie ab frühem April generell mit ausreichend Tageslicht rechnen. In der südlichen Hemisphäre (Südamerika, Australien usw.) warten Sie bis Anfang Oktober.

Die richtige Zeit **bei künstlichem Licht**

Mit künstlichem Licht, so wie gebräuchliche Neon- oder Pflanzenlampen, können Sie das ganze Jahr über 15 Stunden Licht bieten und damit das vegetative Wachstum sichern. In diesem Fall ist Ihr idealer Tag zum Umpflanzen nicht von der natürlichen Tageslänge abhängig (siehe auch Kapitel 3 über Zimmerpflanzen). Gelegentlich können bestimmte Genotypen (genetische Linien) auch bei längeren Tageslichtzeiten blühen. Entfernen Sie die Blüten bei Jungpflanzen, bis die Blühperiode vorüber ist und das vegetative Wachstum eintritt.

Die richtige Zeit **in Äquatornähe**

Nahe am Äquator hat man etwa 12 Stunden Tageslicht an jedem Tag des Jahres. In diesem Fall erreichen die Pflanzen in der Regel die Blühphase in dem Moment, in dem sie das entsprechende Reifealter erreicht haben. Nun werden die Blätter wachsen – nur ein wenig langsamer als bei langen Tageszeitperioden. Die Tageslänge nahe des Äquators bestimmt nicht das Umpflanzen im Freiland. Andere Faktoren wie Regenfallmuster könnten hier wichtiger sein.

Pflege der Pflanzen

Während der ersten Tage nach dem Umpflanzen wird ein Schutz vor direkter Sonneneinstrahlung den Pflanzen helfen, sich an ihren neuen Standort zu gewöhnen. Wenn es schon heiß und trocken ist, mulchen Sie direkt mit Stroh, Heu, geschredderten Blättern oder Rasenschnitt. Warten Sie aber generell mit dem Aufbringen von organischen Mulchen, bis es ausreichend warm ist. Im mittleren Westen der USA wäre das normalerweise im Juni.

In einigen Gegenden erzielen Gärtner gute Resultate mit lichtundurchlässiger Plastikfolie oder Rasenabdeckmaterial. Sie helfen, das Graswachstum zu kontrollieren und sind besonders dort nützlich, wo die Sommer kühl sind, denn sie helfen dem Boden sich zu erwärmen.

Reguläre Abdeckfolie aus Plastik ist regenundurchlässig, weshalb man einen Schwitzschlauch verwenden sollte. Verlegen Sie diesen, bevor Sie die Plastikfolie auflegen. Rasenabdeckfolie ist eine spezielle Art von Folie, die verhindert, dass Gräser wachsen, während sie trotzdem regendurchlässig ist. Platzieren Sie die umgepflanzten Pflanzen in Löcher, die Sie in die Plastik- oder Rasenabdeckfolie gestochen haben.

Bewässerung

Wenn Sie von Hand wässern, versuchen Sie zu vermeiden, dass die Blätter nass werden. Es ist von Vorteil einen Schwitzschlauch zu benutzen, wenn Sie zu viele Pflanzen haben, die nur schwerlich mit Hand zu bewässern sind. Schwarze Schwitzschläuche aus Gummi verrichten einen exzellenten Job in gartengroßen Grundstücken.

In einem Beet mit zwei Reihen kann ein einziger Schwitzschlauch in der Mitte ausreichend sein, aber Schlauchreihen haben sich bewährt. Legen Sie den Schwitzschlauch an der einen Seite des Beets entlang, legen Sie ein „U“, und dann an der anderen Seite wieder zurück (siehe Abbildung 2-4). Stellen Sie den Schwitzschlauch während Trockenperioden alle 4 bis 6 Tage für ein paar Stunden an. Überprüfen Sie den Boden mit einer Gartenschaufel, um zu sehen, ob das Wasser etwa 15 cm tief in den Boden eindringt.

Eine Bewässerungszeitschaltuhr kann bei Verwendung eines Schwitzschlauchs hilfreich sein. Diese batteriebetriebenen Geräte werden zwischen Wasserhahn und Wasserschlauch gesetzt. Sie schalten den Wasserfluss zu den angegebenen Zeiten an und wieder aus. Stellen Sie sicher, dass der Wasserhahn nicht zu weit aufgedreht ist, denn der Wasserfluss für Schwitzschläuche muss niedrig sein, damit sie richtig arbeiten.

2-4: Gemulchte Pflanzen mit Schwitzschlauch. Mulch aus Stroh und recyceltem Gummischwitzschlauch. Schwitzschläuche könnten unter dem Mulch installiert werden, um Verdunstungswasser ein bisschen zu reduzieren.

Beschneidung

Die Stängel der Steviapflanze sind empfindlich und neigen dazu, im Wind abzubrechen. Das Beschneiden der Stängelspitzen zur Anregung des Verzweigens hilft und sollte ohnehin durchgeführt werden, um eine maximale Blätterernte zu erreichen.

Wenn die Haupttriebe etwa 20 bis 30 cm lang sind, knipsen Sie einfach 5 bis 12 cm der wachsenden Spitzen ab. Dies wird die Seitentriebe anregen dort zu wachsen, wo die Blätter am Stängel austreiben und so eine Pflanze hervorbringen, die nicht empfindlich ist und zum Brechen neigt (siehe Abbildung 2-5).

2-5: Beschnittene Steviapflanzen. Etwa 2 Wochen nachdem die Spitzen von den Hauptstängeln entfernt wurden, produziert diese Freilandpflanze schöne Seitentriebe.

Wenn die Seitentriebe eine Länge von 18 bis 25 cm erreicht haben, beschneiden Sie deren Spitzen ebenfalls, es sei denn, die Wachstumssaison ist mehr als die Hälfte vorangeschritten. Abgeschnittene Blätter kann man direkt essen, sie schmecken gut, besonders, wenn man sie mit Pfefferminzblättern mischt. Diese Blätter können auch getrocknet werden oder dazu benutzt werden, Kräutertee zu machen.

Horizontale Stängel

Manchmal, besonders bei aus Samen gezogenen Pflanzen, schafft es ein Hauptstängel, sich auf den Boden zu legen, ohne abzubrechen. Die horizontale Stängelposition schickt ein Verzweigungssignal an die Pflanze. Zahllose vertikale Seitentriebe sprießen und wachsen energisch ohne die üblichen beschnittenden Spitzen aus dem Hauptstängel. Diese Triebe wachsen schnell vertikal nach oben und produzieren eine schöne Blätterernte (siehe Abbildung 2-6).

Schutz der Pflanze

An sehr windigen Standorten können die Pflanzen Schutz benötigen, um das Brechen der Stängel zu minimieren, seien es die Hauptstängel wie in Abbildung 2-7 oder die Seitentriebe, die von einem Stängel wachsen, der auf dem Boden liegt (wie in Abbildung 2-6).

2-6: Horizontaler Stängel mit vertikalen Seitentrieben. Der Hauptstamm lag auf dem Boden und entwickelte vertikale Seitentriebe, die ca. 60 cm lang sind.

Eine kleine Einzäunung aus kleinen Stäben und Schnüren um die Umfassung des Beets kann ein adäquater Schutz sein. Kaninchendraht, der horizontal über den Pflanzen angebracht wird, kann ebenfalls hilfreich sein. Die Pflanzen wachsen durch das Gitter. T-Pfosten aus Metall oder Holzstäbe können selbstunterstützend sein, indem sie bogenförmig über den Pflanzen angebracht werden. Die Kanten können an Stöcken, Ziegelsteinen, Betonblöcken oder Holzbalken stabilisiert werden.

Schädlinge und Krankheiten

Insektenplagen sind selten ein Problem für Steviapflanzen im Freiland. Weiße Fliege und Blattläuse können ein Problem bei der Aufzucht im Gewächshaus sein. Insektizide Seifensprays werden in der Regel mit diesen Weichtieren fertig. Schädlingsfresser wie Marienkäfer und Florfliegen sind eine weitere Option, um Blattläuse zu kontrollieren.
Krankheiten sind normalerweise nicht problematisch für die Steviapflanze, obwohl bakterielle und Pilzerkrankungen an manchen Standorten beobachtet wurden. Die Vermeidung von wasserundurchlässigen Böden und nassen Blättern minimiert Krankheiten. Wenn Sie einen Schaden beobachten, entfernen Sie den Teil der Pflanze, wenn der Befall isoliert ist. Ihr lokales Universitätsinstitut oder andere professionelle Gärtner sind in der Lage, Nährstoffdefizite und Krankheiten zu diagnostizieren, oder sie können Proben an ein Labor schicken.

2-7: Ausgewachsene Steviapflanze. Diese hohen Stängel können anfällig dafür sein, im Wind zu brechen.

Produktion von Mehrjährigen im Freiland

Pflanzen, die als Mehrjährige gezüchtet werden, sollten während der Winterperiode mit 10 bis 15 cm Stroh oder Heu gemulcht werden, wenn die Temperaturen dazu neigen, unter den Gefrierpunkt zu fallen. Das Mulchen hilft dem Überleben der Pflanzen während des Winters. Die Teile der Pflanze, die über der Erde wachsen, überleben normalerweise nicht, wenn die Temperaturen stark unter den Gefrierpunkt fallen, aber Pflanzen können wieder aus der Basis treiben, wenn die Temperaturen über 4° Grad Celsius bleiben.

Pflanzenwurzeln mit hohem Mulch können manchmal sehr viel kälteren Temperaturen standhalten. In einem Testareal während eines Winters in Missouri (2005-2006) überlebten drei von 12 hoch gemulchten Pflanzen Temperaturen von bis zu -12° Grad Celsius. Die Pflanzen wurden im Herbst 2005 geerntet, Stängel mit einer Länge von 8 bis 15 cm blieben stehen. Vor dem ersten Frost wurden sie mit einer 20 bis 30 cm Mulchschicht aus Heu und Blättern bedeckt – genug, um den Boden nicht gefrieren zu lasssen. Der Mulch wurde von einer Plastikfolie und Schneezaunmaterial, welches mit Ziegelsteinen beschwert wurden, am Boden gehalten. Der Mulch wurde nach der Frostperiode im Frühling entfernt. Die drei überlebenden Pflanzen trieben schließlich aus den Wurzeln aus, starteten aber langsam in ihrem Wachstum, und die Produktion war geringer als die von neuen Pflanzen.

3 Zimmerpflanzen

Stevia kann während der kurzen Wintertage eine anspruchsvolle Zimmerpflanze sein, denn sie produziert Samen an Tagen, die kürzer sind. Künstliches Licht hilft hier ungemein.

Pflanzen können so über die ganze Saison gezogen werden und noch mehr Blätter produzieren, die während des Winters verarbeitet und genutzt werden können. Überwinterte Pflanzen können auch eine Quelle für Stecklinge im späten Winter oder frühem Frühling sein.

In einem großen Topf wie in Abbildung 3-1 gezeigt, kann eine Steviapflanze über einige Jahre gehalten werden, der auch auf die Terrasse oder Innenhof gestellt werden kann, wenn es das Wetter zulässt.

Überwintern von Freilandpflanzen

In einem kalten Winterklima können Pflanzen aus den Gartenbeeten in Töpfe zum Überwintern im Haus umgepflanzt werden. Bei der letzten Ernte lässt man 8 bis 13 cm hohe Strünke stehen. Die Pflanzen können dann sofort umgepflanzt werden oder zum Neuaustrieb stehen gelassen werden, bis der Frost eintritt. Während des Umpflanzens sollten Sie versuchen, die meisten Wurzeln intakt zu lassen. Die meisten einjährigen Pflanzen können über den Winter in Töpfen, die einen Durchmesser von 10 cm haben und etwa 20 cm tief sind (siehe Abbildung 3-2), gehalten werden. Ältere Pflanzen benötigen größere Töpfe. Setzen Sie die Wurzeln etwas tiefer in die Töpfe, als sie im Garten gepflanzt waren. Gießen Sie sie vorsichtig an, damit sich die Erde ablagern kann.

3-1: Große Topfpflanze. Der Topf hat einen etwa 25 cm großen Durchmesser.

Wenn die Pflanzen einige Jahre alt sind, können sie zu groß zum Überwintern im Haus werden. Zu diesem Zeitpunkt könnten Sie neue Pflanzen aus Samen oder Stecklingen ziehen.

3-2: Frisch eingepflanzte Pflanze. Kürzlich aus dem Garten zur Überwinterung umgetopft worden, beginnen diese einjährigen Steviapflanzen, neue Triebe zu entwickeln. Die Töpfe sind recycelt, in ihnen wuchsen ursprünglich Himbeeren. Sie sind ca. 10 cm breit und 20 cm tief.

Zimmerpflanzen wässern

Gießen Sie Wasser in den Untersetzer, so lassen Sie die Pflanzen das Wasser von unten aufnehmen. Wenn Sie einen Topf benutzen, der sich nicht für das Gießen von unten eignet, können Sie auch von oben gießen, achten Sie aber darauf, dass die Blätter nicht nass werden. Lassen Sie die Erdoberfläche zwischen dem Gießen trocknen. Die Zeitabstände des Gießens variieren aufgrund der Topfgröße, Temperatur und Luftfeuchtigkeit. Kleinere Töpfe benötigen regelmäßigere Wassergaben. Ob die Feuchtigkeit der Erde ausreichend ist, testen Sie, indem Sie den Finger ein wenig in die Erde stecken und leicht feuchte Erde fühlen. Wenn die Blätter beginnen herabzuhängen, können die Pflanzen zu trocken sein oder zu warm stehen.

Umpflanzen von Zimmerpflanzen

„Umpflanzen“ bedeutet, eine Pflanze in einen größeren Topf zu pflanzen. Kaufen Sie Blumenerde oder produzieren Sie eigene (Siehe Kasten). Junge Pflanzen, die aus Samen oder Stecklingen gezogen wurden, sollten für etwa acht bis zehn Wochen in kleinen Töpfen oder Aufzuchtbehältern bleiben und dann erst in größere Töpfe gepflanzt werden. Pflanzen, die älter als zwei Jahre sind, benötigen die größten Töpfe, die idealerweise 25 cm im Durchmesser sind (siehe Abbildung 3-1). Die Töpfe sollten über Löcher im Boden für das Abfließen des Wassers verfügen.

Pflanzen Sie die Pflanzen mit ihren Wurzeln ein bisschen tiefer als sie im alten Topf waren und wässern Sie sie langsam an, damit sich die Erde absetzen kann. Am besten ist es allerdings, die Pflanzen von unten zu gießen.

3-3: Junge Zimmerpflanze. Diese Pflanze ist ca. vier Monate alt und wurde in einen Topf von ca. 13 cm Durchmesser gepflanzt.

Düngung von Zimmerpflanzen

Stevia benötigt wenig Dünger, wenn Blumenerde von guter Qualität verwendet wird. Pflanzen, die permanent in Töpfen gehalten werden, werden eher Dünger benötigen. Wenige Tropfen handelsüblichen Düngers, verdünnter Fischdünger oder flüssiges Seegras im Gießwasser oder wie auf den Produktbeschreibungen angegeben, wird die Pflanzen aufleben lassen.

Blumenerde

Jede Blumenerde, die für Zimmerpflanzen bestimmt ist, eignet sich für Stevia. Ein hausgemachtes Rezept kann gleiche Teile folgender Bestandteile – gut vermischt – enthalten:

- Kompost
- Torf (oder Torfhumus)
- Torfmoos
- Perlit aus der Gärtnerei

Für eine lange Haltbarkeit mischen Sie eine Prise Phosphatstein und Grünsand hinzu, um die Düngerzugabe zu verringern. Diese Bestandteile sind in Gärtnereien erhältlich. Auch Kompost können Sie selbst herstellen (siehe Seite 13), aber entfernen Sie große Klumpen und Stücke, indem Sie den Kompost durch ein 13 mm Sieb sieben.

Beleuchtung von Zimmerpflanzen

Während der kurzen Wintertage ist künstliches Licht sehr vorteilhaft für Stevia. Günstige Neon- oder Pflanzenlampen reichen aus, denn sie produzieren Wellenlängen, die die Pflanzen benötigen. Eine Neonröhre ist ausreichend, aber Pflanzenlampen sind auch erhältlich.

Mit künstlichem Licht können Pflanzen am Leben gehalten werden, sogar in Kellerräumen, Garagen oder einer Besenkammer, die eine Höchsttemperatur von ca. 13° Grad Celsius haben, sollte. Schalten Sie das Licht etwa 15 Stunden jeden Tag an. Dies lässt die Pflanzen normalerweise in der Wachstumsphase bleiben und keine Samen produzieren.

Steviapflanzen können den Winter auch überleben, wenn sie nur Fensterlicht bekommen, aber die Überlebensrate ist geringer. Das Wachsen der Spitzen der Steviapflanzen während des Winters ist eher gering, aber lassen Sie sich nicht entmutigen. Nachdem die alten Wintertriebe abgeschnitten wurden, wird die Frühlingssonne normalerweise gesundes neues Wachstum anregen. Neue Triebe sprießen oftmals von unterhalb der Erdoberfläche.

Zimmerpflanzen im Frühling

Wenn der Frühling kommt und die Tage länger werden, kann man die Pflanzen nach draußen bringen, damit sie direktes Sonnenlicht bekommen. Wenn die Temperaturen allerdings unter 4° Grad Celsius fallen, sollte man sie wieder in Haus stellen.

Der Frühling beginnt in der nördlichen Hemisphäre Anfang April und in der südlichen Hemisphäre Anfang Oktober. Jetzt wird künstliches Licht in den meisten Fällen nicht mehr nötig sein, um das Blühen herauszuzögern. Zu diesem Zeitpunkt ist Tageslicht ausreichend.

Nachdem die Frostgefahr vorüber ist, können die Pflanzen in den Garten umgepflanzt werden, falls das gewünscht ist. Wahrscheinlich ist es am besten, alle drei bis fünf Jahre neue Pflanzen aufzuziehen, denn alte Pflanzen verlieren tendenziell ihre Vitalität oder wachsen aus ihren Töpfen heraus. Kaufen Sie neue Pflanzen oder ziehen Sie Ihre eigenen aus Samen oder aus Stecklingen.

4 Vermehrung durch Stecklinge

Ein Stammsteckling ist ein Teil des Pflanzenstamms, der Wurzeln und Triebe bildet, und somit eine neue Pflanze! Stevia ist eine gute Kandidatin für diese Art von Vermehrung. Steviastecklinge bilden im Winter unter künstlichem Licht oder während der langen Tage im Frühling und Sommer ziemlich leicht neue Wurzeln. Folgendes benötigen Sie für dieses Projekt:

- Eine Mutterpflanze, von der die Stecklinge gewonnen werden
- Ein scharfes Messer oder eine Rasierklinge
- Einen Wachstumsträger: Vermikulit (Wurmstein) aus der Gärtnerei, Perlit (Perlstein) oder leichte Blumenerde
- Töpfe oder Aufzuchtbehälter mit Löchern zur Entwässerung
- Einen Untersetzer oder Unterteller für das Gießen von unten
- Eine Pflanzenlampe oder Sonnenlicht
- Behältnisse mit Klarsichtfolie für Luftfeuchtigkeit und Wärme (wenn benötigt)

Stecklinge herstellen

Wählen Sie eine Mutterpflanze aus, die ausreichend groß ist, um Stängel zu bieten, die sich eignen, Stecklinge daraus zu ziehen. Es kann eine Freilandpflanze oder eine Topfpflanze sein. Benutzen Sie ein scharfes Messer oder eine Rasierklinge, um saubere, schräge Schnitte durchzuführen. Ein langer Trieb kann in kleinere Stecklinge geteilt werden. Jeder Steckling sollte etwa 8 bis 13 cm lang sein. Entfernen Sie größere Blätter. Alle kleinen Blätter, die hinter den größeren Blättern wachsen, können am oberen Teil des Stecklings bleiben. Vom unteren Stängelteil sollen alle Blätter entfernt werden (siehe Abbildung 4-1).

Bringen Sie die Stecklinge mit dem Ende nach unten in den Aufzuchtbehälter oder Topf, der sich näher an der Basis der Pflanze befunden hat. Das Ende, das weiter von der Basis entfernt war, sollte nach oben zeigen. Mindestens zwei Blattknospen sollten sich oberhalb der Erde befinden. Blattknospen befinden sich da an der Achse, wo ältere Blätter am Stängel sitzen. Es können sich schon kleine Blätter dort befinden. Dies ist der Fall auf den Abbildungen 4-1 und 4-2. Große Blätter sind entfernt worden, sodass sich nur noch die kleineren sekundären Blätter oder Blattknospen am Stängel befinden.

Pflege von Stecklingen

Benutzen Sie kleine Töpfe oder Aufzuchtbehälter mit Löchern im Boden und gießen Sie nur soviel Wasser von unten, um einen feuchten Nährboden zu erhalten. Wenn die Blätter beginnen, herabzuhängen, ist die Luft wahrscheinlich zu trocken. Periodisches Besprühen oder eine durchsichtige Hülle kann helfen, ausreichend Feuchtigkeit für die Stecklinge zu erzielen. Durchsichtige Plastikbehälter zum Aufklappen sind ausreichend für eine kleine Anzahl an Stecklingen (siehe Abbildung 5-2). Lassen Sie den Deckel auf, um für leichte Luftzufuhr zu sorgen. Lassen Sie die Temperatur in diesem Mini-Gewächshaus nicht auf mehr als 27° Grad Celcius ansteigen. Entfernen Sie den Deckel vollständig, wenn die Pflanzen beginnen zu wachsen.

4-1: Steckling. Die großen Blätter wurden entfernt.

Stecklinge gedeihen mit natürlichem Licht, wenn die Tage lang sind. Aber eine einfache Neonröhre begünstigt ihr Wachstum zusätzlich. Lassen Sie das Licht in der ersten Woche 24 Stunden am Tag an. Hängen Sie das Licht auf, dass die Höhe angepasst werden kann, um die Temperatur zu kontrollieren, besonders, wenn Sie ein Mini-Gewächshaus verwenden. 21° bis 27° Grad Celsius ist am Anfang der beste Temperaturbereich. Nach der ersten Woche sind kühlere Temperaturen akzeptabel und das Licht sollte nun nur noch 15 Stunden am Tag brennen.

Nach drei bis vier Wochen werden erfolgreich Stecklinge wachsen und Wurzeln bilden, die möglicherweise aus den Löchern am Boden herausschauen, so wie in Abbildung 4-3. Jetzt sollten Sie die erfolgreichen Stecklinge mit regulärer Blumenerde in größere Töpfe umtopfen (siehe Seite 27 für Blumenerde). Lassen Sie die Pflanzen drei bis vier Wochen weiterwachsen, bevor Sie sie ins Freiland pflanzen (oder halten Sie sie als Topfpflanze, wenn Sie das bevorzugen).

Wenn die längsten Triebe etwa 9 bis 10 cm lang sind, ist es Zeit für das erste Beschneiden, um die Verzweigung der Stängel anzuregen. Schneiden Sie 2,5 bis 5 cm von der Spitze des Haupttriebs ab. Normalerweise gibt es zwei Haupttriebe, manchmal aber auch nur einen – besonders dann, wenn der Steckling von einer Triebspitze als von der Mitte des Stängels genommen wurde.

4-2: Frisch eingepflanzte Stecklinge. Ein Aufzuchtbehälter mit sechs Kammern.

Freilandvermehrung durch Stecklinge

Draußen, während der langen Frühlingstage, wurzeln Stecklinge manchmal einfach, wenn man sie in die Nähe eines Schwitzschlauchs in die Erde steckt, wo sie über einen konstant feuchten Boden verfügen. Stechen Sie ein Loch mit einem kleinen Stock in die Erde, um die Stecklinge leichter in die Erde zu bringen. Diese Stecklinge sollten länger und tiefer in den Boden eingebracht werden als Topfpflanzen. Das verhindert ihr Austrocknen, wenn Sie einmal während einer Trockenperiode vergessen sollten, den Schwitzschlauch anzustellen. Die Stecklinge, die nach drei bis vier Wochen merklich zu wachsen beginnen, haben wahrscheinlich neue Wurzeln gebildet. Sie können jetzt ausgegraben und an ihren vorgesehenen Standort gesetzt werden.

4-3: Stecklinge mit Wurzelbildung. Vier Wochen alt zeigen zwei dieser Stecklinge erkennbares Wachstum. Sie können auch Wurzeln sehen, die aus den Ablauflöchern wachsen. Diese Pflanzen sind bereit, in größere Töpfe umgepflanzt und kurz davor, beschnitten zu werden.

5 Vermehrung durch Samen

Steviapflanzen aus Samen zu ziehen ist ziemlich einfach. In der Vergangenheit wurden sie üblicherweise aus Stecklingen vermehrt, denn gute Samen waren schwer zu finden. Während einer praktischen Forschungsarbeit an der Northwest Missouri State University fand ich heraus, dass es möglich ist, hochkeimende Samen zu produzieren. Ich fand ebenso heraus, dass schwarze oder dunkle Samen wachstumsfähiger zu sein scheinen (den Link zu Jeffreys Forschungsarbeit finden Sie auf www.steviaseed.com).

Gute Steviasamen (üblicherweise über 70 % Keimfähigkeit) sind mittlerweile erhältlich, Bezugsquellen sind im Anhang aufgeführt.

Samen, die nicht innerhalb von wenigen Wochen gepflanzt werden, sollten in einem luftdichten Glasgefäß, z. B. einem Einmachglas, aufbewahrt werden. Für eine Lagerung über sechs Monate hat es sich bewährt, einen Antikondensationsbeutel beizulegen (siehe Kasten Seite 35).

Falls Sie schon eine bevorzugte Methode haben, Samen im Haus keimen zu lassen, wird diese Methode auch für Steviasamen funktionieren. Beachten Sie, dass die Keimung durch Lichteinfluss begünstigt wird. Die Anforderungen sind die gleichen wie die zur Samenaufzucht von Tomaten. Im Folgenden wird die von uns bevorzugte Methode zur häuslichen Samenaufzucht beschrieben.

5-1: Steviasamen mit 1-Penny-Münze. Die meisten Samenhandlungen entfernen die Borsten, so wie auf der rechten Seite des Fotos gezeigt.

Einkaufsliste zur Samenaufzucht

- Anzuchtschale ohne Entwässerungslöcher. Große Plastikbehälter, etwa 30 x 50 cm groß und ca. 6 cm hoch (Abbildung 5-5). Die größeren klappbaren Plastikbehälter, manchmal im Supermarkt als Verpackung von Obst oder Gemüse verwendet, eignen sich hervorragend als kleine Gewächshäuser (siehe Abbildung 5-2).

- Töpfe oder Aufzuchtbehälter. In vier oder sechs Kammern unterteilte Aufzuchtbehälter werden oft mit Anzuchtschalen geliefert oder Sie benutzen kleine Gefäße wie Joghurtbecher. Stechen Sie Löcher zur Entwässerung in den Boden.

- Klarsichtfolie. Anzuchtschalen haben oft ausgeformte Plastikdeckel. Plastikfolie, die locker aufgelegt werden, tun es zur Not auch. Die recycelten Plastikdosen aus dem Supermarkt, die oben erwähnt wurden, haben Deckel, die sehr praktisch sind und sich hervorragend als Mini-Gewächshaus eignen. Entfernen Sie nur das Etikett.

- Neonlicht, das höhenverstellbar aufgehangen werden kann. Spezielle Pflanzenlampen eignen sich ebenfalls. Zwei große Anzuchtschalen passen unter eine ca. 1,20 m lange Neonröhre.

- Blumenerde. Kaufen Sie Pflanzenerde oder stellen Sie Ihre eigene her (siehe Seite 27). Gleiche Teile Torf (oder Torfhumus), Vermikulit (Wurmstein) aus der Gärtnerei und Kompost tun es auch. Kompost und Torf sollten durch ein 6 mm Sieb gesiebt werden.

- Vermikulit (Wurmstein) aus der Gärtnerei, um die Samen abzudecken.

- Dünger aus Seegras, verdünnter Fischdünger oder einen anderen schwachen Dünger. Dies ist optional, aber eine gute Idee, wenn kein Kompost zur Verfügung ist, oder kein Dünger in der Blumenerde enthalten ist.

- Sprühflasche oder Blumenspritze, um die Anzuchtschale mit Wasser zu besprühen.

- Thermometer. Ein kleines mit Skala ist ideal.

5-2: Recycelter Plastikbehälter. Dieser Behälter war ursprünglich ein Salatbehälter aus dem Supermarkt. Als Mini-Gewächshaus eignet er sich hervorragend zur Steviaaufzucht.

Samenlagerung

Steviasamen, die längerfristig gelagert werden, mögen es trocken und dunkel. Geben Sie Ihr Samenpaket in einen luftdichten Behälter, zusammen mit einem Antikondensationsbeutel. (farbveränderndes Siliceagel aus Kügelchen). Diese festen Kugeln sind so behandelt, dass sie ihre Farbe verändern, wenn sie durchtränkt sind, sodass sie getrocknet und wiederverwendet werden können (siehe Anhang).

Bewahren Sie das Gefäß im Kühlschrank auf. Auf diese Weise gelagert, können Steviasamen jahrelang keimfähig bleiben. In unseren Tests behielten die meisten Samen ihre Keimfähigkeit noch nach sieben Jahren, während die Keimfähigkeit von Samen, die bei Raumtemperatur und Luftfeuchtigkeit aufbewahrt wurden, in nur sieben Monaten von 90 % auf 75 % fiel.

Anleitung für Samenaufzucht

Zeitpunkt

In kalten Winterklimata sollten die Sämlinge mindestens zwei Wochen nach Ihrem üblichen letzten Frostzeitpunkt in den Garten ausgebracht werden (wir pflanzen um Mitte Mai in Missouri). In frostfreien Klimazonen ist es besser, auf die Tage mit längerem Tageslicht zu warten, um die Pflanzen ins Freiland zu bringen (siehe auch: Die richtige Zeit zum Umpflanzen, S. 18)
Die Pflanzen erreichen in etwa acht bis zehn Wochen eine gute Umpflanzgröße.

Das Befüllen der Töpfe

Wenn die Blumenerde trocken ist, befeuchten Sie sie leicht, indem Sie langsam ein wenig Wasser beifügen. Befüllen Sie die Teller oder Töpfe bis an den Rand, ohne die Erde festzudrücken. Platzieren Sie die Aufzuchtbehälter oder Töpfe auf einen Teller oder Tablett.

Samenauswahl

Für beste Resultate sollten Sie nur die schwarzen oder dunklen Samen verwenden. Wenn Sie einen Samen in der Hälfte durchschneiden, sehen Sie, dass die schwarzen Samen in der Regel fest und weiß innen sind. Das ist ein gesunder Keimling.

5-3: Frisch gesäte Samen in Aufzuchtbehälter. Zwölf Kammern mit einer dünnen Schicht. Vermikulit aus der Gärtnerei bedecken Samen.

Das Pflanzen der Samen

Platzieren Sie ein bis drei Samen pro Aufzuchtbehälter oder Topf oben auf die Erde – eine größere Anzahl bei Samen älteren Datums mit einer verminderten Keimfähigkeit. Samen können gut gehandhabt werden, indem man sie auf ein weißes Blatt Papier streut. Nehmen Sie mit der Spitze eines angefeuchteten Zahnstochers jeweils nur einen Samen auf und transferieren Sie ihn in das Aufzuchtbehältnis oder einen Topf.
Bedecken Sie die Samen ca. 3 bis 4 mm, vorzugsweise mit Vermikulit aus der Gärtnerei. Falls Sie kein Vermikulit finden, können Sie auch Blumenerde verwenden.
Besprühen Sie die Erde nun vorsichtig mit einer Blumenspritze. Dies wird die Samen in die Erde drücken und Lufttaschen auflösen. Gießen Sie ebenfalls ein wenig Wasser auf den Teller. Dieses Wasser wird vom Boden durch die Entwässerungslöcher absorbiert. Nun müssen Sie die Pflanzen nicht mehr bewässern, bis die Samen gekeimt sind und wachsen.

Beleuchtung, Luftfeuchtigkeit und Wärme

Legen Sie die durchsichtige Plastikfolie über den Teller, um Wärme und Luftfeuchtigkeit zu erzeugen. Lassen Sie sie leicht offen, damit Luft strömen kann. Legen Sie auch ein Thermometer unter die Abdeckung.
Platzieren Sie den Teller unter eine Neonröhre, die 24 Stunden am Tag brennt, und so hängt, dass man die Höhe variieren kann. Am Besten geht das mit Ketten und S-Haken. Halten Sie die Temperatur innerhalb der Abdeckung zwischen 24° und 27° Grad Celsius, indem Sie die Höhe der Lampe variieren. In den meisten Fällen liefert das Licht die benötigte Wärme.

5-4: Junge Keimlinge. Es ist an der Zeit, diese Keimlinge zu pikieren und in eine eigene Kammer zu setzen.

5-5: Aufzuchtbehälter unter Neonlicht. Zwölf jeweils sechs Kammern beinhaltende Aufzuchtbehälter für insgesamt 72 Kammern. Zwei dieser Schalen passen unter eine lange Neonlampe. Verschiedene Typen von Gemüse- und Kräuterkeimlingen wachsen auf dieser Schale. Das Licht sollte normalerweise etwa 10 bis 13 cm über der größten Pflanze hängen.

Nach sieben bis 14 Tagen sollten Sie winzige Keimlinge herauskommen sehen. Entfernen Sie die Abdeckung, wenn in mehr als der Hälfte der Behälter oder Töpfe Keimlinge zu sehen sind. Keimlinge können Krankheiten erliegen, wenn die Luft zu lange feucht ist. Nachdem die Abdeckung entfernt wurde, fahren Sie fort, das Licht den ganzen Tag brennen zu lassen und positionieren es etwa 10 bis 13 cm über den Pflanzen.

Wenn die Keimlinge alt genug sind, um abschätzen zu können, welcher von ihnen der jeweilig stärkste im Topf oder des Behälters ist, entfernen Sie die anderen. Etwa drei Wochen nach der Aussaat beleuchten Sie die Pflanzen nur noch am Tag, für ungefähr 15 Stunden. Eine Zeitschaltuhr kann sich als praktisch erweisen.

Bewässerung

Bewässern Sie die Pflänzchen ausschließlich von unten. Damit vermeiden Sie, dass die Blätter nass werden. Gießen Sie ungefähr 6 mm Wasser auf den Teller, damit die Töpfe es aufsaugen können. Warten Sie drei bis fünf Tage bis zum nächsten Gießen, es sei denn, die Erde trocknet schon früher aus. Das Ziel ist, die Erde feucht zu halten, aber nicht zu durchnässen. Geben Sie nur ein paar Tropfen Seegrasdünger oder anderen, leichten Dünger mit niedrigem Nitrogengehalt zum dritten Gießwasser, wenn die Blumenerde nicht schon einen Dünger oder Kompost enthält.

Beschneiden und Umtopfen

Wenn die Keimlinge etwa 13 cm groß sind, sollten sie beschnitten werden, um die Verzweigung anzuregen. Schneiden Sie einfach 2,5 bis 5 cm von der Spitze des Haupttriebs ab. Das ist auch Ihre erste Blatternte!

Ungefähr acht bis zehn Wochen nach der Aussaat sollten die Pflanzen, die in kleinen Aufzuchtbehältern oder Töpfen wachsen, ins Freiland umgepflanzt oder in größere Töpfe umgetopft werden. Töpfe, die einen 10 bis 13 cm großen Durchmesser haben, sind angemessen für junge Pflanzen, größere Töpfe jedoch müssen weniger regelmäßig bewässert werden. Härten Sie die Pflanzen über vier bis sechs Tage ab, bevor Sie sie ins Freiland pflanzen, indem Sie sie tagsüber draußen an einen geschützten Standort stellen. Stellen Sie sie wieder ins Haus, wenn die Temperaturen unter 4° Grad Celsius fallen.

5-6: Junge Steviapflanze, aus Samen gezogen. Diese Pflanze wurde ein paar Wochen im Freiland aufgezogen.

In unserem Experiment waren die Steviablätter von aus Samen gezogenen Pflanzen größer, die Blätter schmeckten jedoch wie Blätter von Pflanzen, die aus Stecklingen gezogen wurden. Aus Samen gezogene Pflanzen sollten intensiver ausgeputzt oder beschnitten werden, um Verzweigungen zu begünstigen.

5-7: Steviakeimlinge im Aufzuchtbehälter.

6 Ernte und Lagerung

Zur Erntezeit ist die offensichtlichste Methode, auf einem Steviafeld zu naschen! Zwicken Sie ein Blatt ab und genießen Sie. Es schmeckt noch besser mit einem Minzeblatt. Sie können auch einen Tee aus frischen Blättern machen. Benutzen Sie ein Tee-Ei oder ein Sieb so, als würden Sie einen Kräutertee machen.
Blätter können jederzeit geerntet werden, aber Sie haben den höchsten Blattertrag, wenn die Pflanzen anfangen zu blühen, normalerweise ist das im Spätsommer oder Herbst. Wenn sich die ersten Blütenknospen bilden (siehe Abbildung 6-1) oder Sie die ersten Blüten sehen, ernten Sie. Wenn Sie Stevia als Mehrjährige züchten, lassen Sie die Pflanze 15 cm hoch stehen, damit sie wieder nachwachsen kann.

Trocknung der Blätter

Schneiden Sie die gesamten Stängel mit einer Schere oder Gartenschere und halten Sie sie mit einem Gummiband in kleinen Bündeln zusammen. Benutzen Sie eine gebogene Büroklammer, um die Bündel kopfüber an eine gut durchlüftete Stelle, vorzugsweise nicht mit direkter Sonneneinstrahlung, zu hängen. Spannen Sie Seile an der Wand, um mehr Platz zum Aufhängen zu erhalten.
Die Blätter werden nach wenigen Tagen trocken sein. Wenn sie vollständig getrocknet sind, streifen Sie die Blätter mit der Hand von den Stängeln und werfen Sie die Stängel weg (sie schmecken nicht so gut). Weiche Stängelspitzen können mit den Blättern aufbewahrt werden. Eine andere Trocknungsmethode ist die

6-1: Zweig mit Blütenknospen. Dieser Stängel steht an der Spitze kurz vor der Blüte, jetzt hat die Pflanze wohl die maximale Erntegröße erreicht.

Blätter von den Stängeln zu streifen, wenn sie noch frisch sind, und sie dann auf einem lebensmittelechten Gitter in die direkte Sonne oder in den Backofen auf niedriger Temperatur (etwa 45° Grad Celsius) zu trocknen. Wenn sie vollständig getrocknet sind, sind die Blätter fertig, um Tee zuzubereiten, sie weiter zu verarbeiten (siehe Kapitel 7) oder zu lagern.

Lagerung getrockneter Blätter

Getrocknete Steviablätter können bei normaler Raumtemperatur in einem luftdichten Gefäß und nicht dem direkten Sonnenlicht ausgesetzt gelagert werden.

6-2: Getrocknete Blätter an Stängeln. Blätter, die fertig sind, um vom Stängel getrennt und gelagert zu werden.

6-3: Trocknende Steviablätter auf Gitter. Frische Blätter ...

... und getrocknete. Das Backblech fängt durchfallende Blätter auf.

7 Steviablätter weiterverarbeiten

Aus ganzen getrockneten Steviablätter kann man Tee herstellen, auch in Verbindung mit anderen Kräutern. Minze oder Kamille kann man hervorragend mit Stevia mischen. Wir finden, dass die meisten Kräutertees mit Zugabe von Stevia besser schmecken.
Getrocknete Blätter können gekauft werden, wenn Sie keine selbstgezogenen Blätter mehr haben. Im Anhang finden Sie Bezugsquellen. Im Folgenden finden Sie Möglichkeiten die selbstgewonnenen oder gekauften, trockenen Blätter weiterzuverarbeiten. In den Rezepten in Kapitel 9 wird Wasserextrakt aus Steviablättern und grünes Steviapulver verwendet.

Wasserextrakt aus Steviablättern

(ergibt etwa ½ Tasse Extrakt)

Alkohol oder Glyzerinextrakt kann man kaufen, aber wir bevorzugen diesen Wasserextrakt. Er hält sich etwa zwei Wochen im Kühlschrank und lässt sich sehr gut für viele Getränke und einige andere Rezepte verwenden.

½ Tasse	getrocknete Steviablätter, in den Messbecher gedrückt
1 Tasse	Wasser

• Bringen Sie das Wasser in einem kleinen Topf zum Simmern. Kleine Blasen sollten zur Oberfläche aufsteigen. Rühren Sie die getrockneten Steviablätter, schalten Sie die Herdplatte aus und bedecken Sie den Topf, 40 Minuten quellen lassen. Abschütten in ein sehr sauberes Glasgefäß. Schrauben Sie den Deckel zu und stellen Sie das Glas in den Kühlschrank. Innerhalb von zwei Wochen aufbrauchen.

Grünes Steviapulver

(ergibt etwa 1/3 Tasse Pulver)

Das vielseitigste Steviaprodukt aus selbstgezogenen Pflanzen. Sie finden in diesem Buch Rezepte, in denen grünes Steviapulver verwendet wird und mehr in „Stevia - Das Rezeptbuch" von Jeffrey Goettenmoeller. Grünes Stevia Pulver kann man auch in manchen Bioläden, Reformhäusern oder online kaufen (siehe Anhang).

2 Tassen getrocknete Steviablätter

• Geben Sie getrocknete Steviablätter in einen Mixer mit Deckel und mixen Sie die Blätter auf hoher Geschwindigkeit 30 Minuten. Lassen Sie den Deckel für einige Minuten auf dem Mixer, damit sich die Mischung absetzen kann. Öffnen Sie den Deckel und rühren Sie mit einem Gummi- oder Plastikwender um, legen Sie den Deckel wieder auf und mixen Sie weitere 30 Sekunden auf höchster Geschwindigkeit.

• Alternativ können Sie den ersten Schritt mit einem Mehlsieb oder einem Mörser durchführen, falls Sie nicht über einen elektrischen Mixer verfügen. Bei einem Mehlsieb geben Sie jeweils eine Handvoll Blätter hinein, legen den Deckel auf und drehen den Griff, bis die meisten Blätter zerkleinert und durch das Gitter gefallen sind. Nehmen Sie die übrig gebliebenen Blattadern oder Blattstücke heraus. Wenn Sie einen Mörser verwenden, mörsern Sie immer nur ein paar Blätter auf einmal.

• Unabhängig von der Pulverisierungsmethode, kann das Pulver, wenn man möchte, jetzt schon für Rezepte verwendet werden oder durch einen Teesieb gedrückt werden, um größere Partikel, die sich noch in der Mischung befinden, zu entfernen. Dieses Verfahren entfernt größere Blattadern, die nicht kleingemahlen wurden und nicht so gut schmecken.

• Für eine längere Lagerung geben Sie das Pulver in ein Glasgefäß, schließen den Deckel fest und stellen es an einen dunklen Ort. So lässt es sich mindestens zwei Jahre ohne Geschmacksverlust lagern. Für eine kürzere Lagerung kann grünes Steviapulver in einem wiederverschließbaren Plastikbeutel, der an einer dunklen Stelle liegt, aufbewahrt werden. Generell ersetzen drei bis vier TL grünes Steviapulver eine Tasse raffinierten Zucker.

8 Stevia in der Küche

Stevia kann man in verschiedenen Formen kaufen, einschließlich der Folgenden:

- Getrocknete Steviablätter (ganze getrocknete Blätter)
- Grünes Steviapulver (pulverisierte Blätter)
- Flüssige Steviaextrakte (auf Alkohol-, Glyzerin- oder Wasserbasis)
- Steviaextrakt Pulver (Extrakt aus Glykosiden)

Hier beschäftigen wir uns vor allem mit *getrockneten Steviablättern, grünem Steviapulver* und *Wasserextrakt aus Steviablättern*, denn diese können in Ihrer Küche aus selbstgezogenen oder gekauften Steviablättern (siehe Kapitel 7) hergestellt und dann in den Rezepten aus Kapitel 9 verwendet werden.

Anders als Aspartame ist Stevia hitzestabil. Es kann in einer Vielzahl von Rezepten, wenn diese richtig abgestimmt sind, verwendet werden. Trockene Steviaprodukte haben auch eine lange Lagerungskapazität.

Bestimmte Aspekte stellen eine Herausforderung dar, wenn man mit Stevia kocht. Man benötigt nur eine kleine Menge, denn Stevia ist unglaublich süß. Der Hauptteil, der normalerweise von Zucker bestimmt wird, muss stattdessen durch andere trockene Inhaltsstoffe ersetzt werden. Also muss ein Weg gefunden werden, um Stevia gleichmäßig durch andere Zutaten zu ersetzen.

Der Geschmack von Stevia kann auch eine Herausforderung sein, besonders bei grünem Steviapulver und flüssigen Steviaextrakten. Stevia ist süß, aber mit eigenem Geschmack, genau wie Honig und Hirse über einen eigenen Geschmack verfügen. Dies stellt aber kein Problem dar, wenn die Zutaten aufeinander abgestimmt und sorgfältig ausgewählt sind, so dass sie mit Stevia harmonieren. Tatsächlich kann Steviapulver als Geschmacksverstärker wirken und so den Geschmack von anderen Zutaten hervorheben.

Getrocknete Steviablätter

Ganze getrocknete Steviablätter können gekauft werden (siehe Anhang) oder Sie bauen Ihre eigenen an! Welche Blätter Sie auch immer verwenden, aus ihnen kann man einen süßen und leckeren Tee herstellen. Steviablätter verbessern den Geschmack der meisten anderen Teekräuter, wenn man sie vermischt. Getrocknete Steviablätter sind auch das Rohprodukt, um andere Steviaprodukte herzustellen. Getrocknete Steviablätter können bei Raumtemperatur in einem luftdichten Gefäß an einem dunklen Ort gelagert werden. Auf diese Weise können sie für viele Jahre gelagert werden.

8-1: Getrocknete Steviablätter. Getrocknete Blätter kann man gut in einem Glas mit einem fest verschließbaren Deckel über Jahre lagern.

Grünes Steviapulver

Grünes Steviapulver besteht aus getrockneten Steviablätter, die fein gemahlen wurden. Es kann in der eigenen Küche aus selbstgezogenen oder gekauften Blättern hergestellt werden (siehe Kapitel 7). Grünes Steviapulver enthält das volle Angebot an Nährstoffen, die in Stevia gefunden werden können. Es bietet wegen

seiner grünen Farbe und dem stärkeren Geschmack einige Herausforderungen. Es funktioniert nicht mit jedem Rezept, aber sehr gut mit den Rezepten, die in Kapitel 9 vorgestellt werden.
Lagern Sie grünes Steviapulver in einem Glasgefäß, fest verschlossen, und stellen Sie es bei Raumtemperatur an einen dunklen Platz. So lässt es sich mindestens zwei Jahre ohne Qualitätsverlust lagern. Ein wiederverschließbarer Plastikbeutel an einer dunklen Stelle eignet sich für kürzere Lagerung.
Umrechnungseinheit: Eine gute Faustregel ist, drei bis vier TL grünes Steviapulver statt eine Tasse raffiniertem Zucker zu verwenden. Aber die Umrechnungseinheit variiert je nach Rezept.

Flüssige Steviaextrakte

Flüssige Extrakte sind geeignet, um Getränke und andere Gerichte zu süßen. Die meisten flüssigen Extrakte auf dem Markt haben eine Alkohol- oder Glyzerinbasis, um die Lagerungszeit zu verlängern. Wasserextrakte aus Steviablättern können in einigen Rezepten in Kapitel 9 verwendet werden und können in Ihrer eigenen Küche nach den Anweisungen in Kapitel 7 (Seite 43) aus getrockneten Blättern hergestellt werden.Wasserextrakt aus Steviablättern kann für etwa eine Woche im Kühlschrank aufbewahrt werden.

Pulver aus Steviaextrakt

Die meisten Rezeptbücher, die Stevia verwenden, so auch Jeffreys *Stevia - Das Rezeptbuch*, verwenden pures Pulver aus Steviaextrakt, welches gekauft werden muss. Der Auszugsprozess geht über das hinaus, was man im eigenen Haus bewältigen möchte. Dieses weiße oder fast weiße Pulver ist ein Auszug der süßen Glykoside der Steviapflanze. Wegen ihrer einzigartigen Struktur führen diese Glykoside der täglichen Ernährung keine Kalorien zu. Die Hauptglykoside sind Stevioside und Rebaudioside A. Pulver aus Steviaextrakt enthält 80 bis 95 % Glykoside. Der Ausdruck „Stevioside“ wird von einigen Autoren als ein Allgemeinausdruck für alle Glykoside, die in der Steviapflanze gefunden werden können, benutzt.
Wir bevorzugen ein reines Steviaprodukt ohne Maltodextrin oder anderen Füllstoffen. Diese Füllstoffe können von denjenigen nicht vertragen werden, die leicht metabolisierte Kohlenhydrate vermeiden sollen, und das reine Extrakt aus Steviablättern ist fast immer der bessere Kauf für Ihr Geld was Süßungsmittel angeht. Zusätzlich lösen sich einige Füllstoffe nur schlecht auf.

Umrechnungseinheit: Wir finden, dass ein TL vom Extrakt aus Steviablättern in etwa die Süßungskraft einer Tasse raffiniertem Rohrzucker entspricht, obwohl die Umrechnungseinheit sehr variiert, abhängig von den Zutaten, mit denen er verwendet wird.

9 Rezepte

In diesen 35 Rezepten werden *getrocknete Steviablätter* (für Tee), *grünes Steviapulver* oder *Wasserextrakt aus Steviablättern* verwendet – Produkte, die aus selbstgezogenen oder gekauften Steviablättern hergestellt werden können! Folgen Sie einfach den Anweisungen in Kapitel 7.

Daten über Nährwertinformationen sind Schätzungen und einige der Informationen über den Nährwert können für bestimmte Zutaten nicht verfügbar gemacht werden. Informationen über die Nährwerte wurden mit der *Recipe Analyzer* Software von Ohio Distinctive Software, Inc. und *The Whole Foods Companion* von Dianne Onstad, veröffentlicht bei Chelsea Green, entnommen.

Einfacher Steviatee

(ergibt 1 Tasse)

Stevia ist bei weitem unser beliebtestes Kraut für Tee mit einem köstlichen Geschmack und außerdem magenberuhigend.

1 Tasse	Wasser
ca. 1 TL	*getrocknete Steviablätter*, leicht zerdrückt (ein paar Blätter)

• Gießen Sie das Wasser in einen Topf. Geben Sie die getrockneten Steviablätter in ein Teesieb oder lose hinzu. Bringen Sie das Wasser zum Kochen. Lassen Sie es drei bis fünf Minuten kochen. Entfernen Sie das Teesieb oder gießen Sie das Wasser durch ein Sieb, sollten Sie lose Blätter verwendet haben. Servieren Sie den Tee, wenn er ausreichend abgekühlt ist.

Variante: Andere getrocknete oder frische Kräuter zur Teezubereitung, z. B. Minze, können nach Geschmack mit Steviablättern kombiniert werden.

Grüner heißer Tee

(ergibt 1 Tasse)

1 Tasse	Wasser
1 TL	*getrocknete Steviablätter*, leicht zerdrückt (ein paar Blätter)
1 Teebeutel	grüner Tee

• Bringen Sie das Wasser fast zum Kochen. Kleine Blasen sollten aufsteigen. Rühren Sie die getrockneten Steviablätter ein und geben Sie den Beutel grünen Tee hinzu. Bedecken Sie den Topf und lassen Sie alles fünf Minuten ziehen. Durch ein Sieb gießen und servieren.

Variante: Grünen Tee durch schwarzen Tee ersetzen.

Blaubeer-Grapefruit Sirup

(ergibt ½ Liter Sirup)

Großartige Garnierung für Pfannkuchen oder Eiskreme!

1 Tasse	Grapefruitsaft
2 Tassen	Blaubeeren, frisch oder gefroren
1 EL	Speisestärke oder Marantastärke
1 EL	*grünes Steviapulver*
2 EL	Zitronensaft

• Geben Sie den Grapefruitsaft, Blaubeeren, Speisestärke und Stevia in einen Mixer. Verarbeiten, bis sich alle Zutaten vermischt haben. Geben Sie die Mischung in einen Topf und kochen Sie sie unter ständigem Rühren bei mittlerer Hitze. Wenn der Sirup sich verdickt hat, die Hitze reduzieren und drei Minuten länger kochen. Nehmen Sie den Topf von der Platte und rühren Sie den Zitronensaft in die Masse. Benutzen Sie den Sirup oder stellen Sie ihn in den Kühlschrank. Kann kalt oder leicht erhitzt verwendet werden.

Dicke Pfannkuchen aus dem Ofen

(ergibt 6 Portionen)

2 EL	Butter
3	extragroße Eier
½ Tasse	Vollkornmehl
¼ Tasse	Milch
¼ TL	*grünes Steviapulver*
¼ TL	Salz oder Meersalz
¼ TL	Vanilleextrakt oder Ahornsirup

• Geben Sie Butter in eine ca. 25 cm große ofenfeste Auflaufform oder eine Backform. Stellen Sie den Ofen auf 200° Grad Celsius. Stellen Sie die Form drei bis fünf Minuten, oder bis die Butter geschmolzen ist, in den Ofen.
Schlagen Sie die Eier in eine Schüssel. Geben Sie Mehl, Milch, grünes Stevia Pulver, Vanille oder Ahornsirup hinzu sowie das Salz. Verrühren Sie alles miteinander. Schütten Sie die Masse sofort in die Form. Backen Sie das Ganze für 25 Minuten, bis der Teig aufgegangen und gebräunt ist. Servieren Sie mit Ihren bevorzugten Früchten, Soße oder dem [Blaubeer-Grapefruit Sirup] (Seite 51).

Variante: Mehl kann durch Reismehl ersetzt werden.
Milch kann durch Sojamilch oder Reisgetränk ersetzt werden.

Nährwertinformationen pro Portion

Kalorien	122	Ballaststoffe	1 g
Kohlenhydrate	8 g	Calcium	43 g
Protein	5 g	Vitamin A	370 IU
Fett	7 g	Vitamin C	0 mg
Natrium	184 g		

Gewürzte Haferflocken, Nüsse und Fruchtmüsli

(ergibt etwa 7 Tassen)

¼ Tasse	Sonnenblumenkerne
¼ Tasse	Weizenmehl
2 Tassen	Haferflocken
1 Tasse	grob gehackte Walnüsse oder Pecannüsse
6 EL	ungesalzene Butter
1 EL	*grünes Steviapulver*
1½ TL	Zimt
¼ TL	Salz
3 EL	Wasser
2	Eier
2 EL	Honig
3 EL	ungesüßte Kokosnussraspel
1 Tasse	Rosinen oder andere getrocknete Früchte

• Heizen Sie den Ofen auf 160° Grad Celsius vor. Vermischen Sie in einer mittelgroßen Rührschüssel Sonnenblumenkerne, Mehl, Haferflocken und Nüsse.

• Schmelzen Sie Butter in einem mittelgroßen Topf. Lauwarm abkühlen lassen und grünes Steviapulver, Zimt, Salz, Wasser und Eier untermischen. Rühren Sie diese Mischung unter die Sonnenblumenkernmischung. Drücken Sie das Ganze in eine mit Butter ausgestrichene, etwa 22 x 30 cm große Backform.

• 15 Minuten backen. Nehmen Sie die Form aus dem Ofen und rühren Sie um. Wiederholen Sie den Vorgang weitere 15 Minuten (insgesamt 45 Minuten).

• Nehmen Sie die Form aus dem Ofen und träufeln Sie den Honig darüber. Streuen Sie Kokosnussraspel und Rosinen auf die Oberfläche. Verrühren Sie alles miteinander. Abkühlen lassen und in den Kühlschrank stellen. Für längere Aufbewahrung einfrieren.

Variante: 7 TL Wasserextrakt aus Stevia können anstelle von dem grünen Steeviapulver verwendet werden. In diesem Fall lassen Sie das Wasser aus diesem Rezept weg.

Ungesalzene Butter: Am besten verwendet man in den Rezepten ungesalzene Butter, denn die Menge an Salz in gesalzener Butter kann variieren.

Glutenfreies Müsli

(ergibt etwa 6 Tassen)

¼ Tasse	Sonnenblumenkerne
¼ Tasse	Reismehl
2 Tassen	Quinoa-Flocken, ungekocht
1 Tasse	grob gehackte Wal- oder Pecannüsse
6 EL	ungesalzene Butter
1 EL	*grünes Steviapulver*
1½ TL	Zimt
¼ TL	Salz oder nach Geschmack
3 EL	Wasser
2	Eier
2 EL	Honig
3 EL	ungesüßte Kokosnussraspel
1 Tasse	Rosinen oder andere getrocknete Früchte

• Heizen Sie den Ofen auf 160° Grad Celsius vor. Vermischen Sie in einer mittelgroßen Rührschüssel Sonnenblumenkerne, Reismehl, Quinoa-Flocken und Nüsse. Beiseite stellen.

• Schmelzen Sie Butter in einem mittelgroßen Topf. Lauwarm abkühlen lassen und grünes Steviapulver, Zimt, Salz, Wasser und Eier untermischen. Rühren Sie diese Mischung unter die Sonnenblumenkernemischung. Drücken Sie das Ganze in eine mit Butter ausgestrichene, etwa 22 x 30 cm große Backform.

• 15 Minuten backen. Nehmen Sie die Form aus dem Ofen und wenden Sie das Müsli portionsweise mit einem breiten Wender. Backen Sie das Ganze für weitere 15 Minuten und wenden Sie die Mischung erneut. Weitere 15 Minuten backen (insgesamt 45 Minuten).

• Nehmen Sie die Form aus dem Ofen und träufeln Sie den Honig darüber. Streuen Sie Kokosnussraspel und Rosinen auf die Oberfläche. Verrühren Sie alles vorsichtig miteinander. Abkühlen lassen und in einem abgedeckten Behälter in den Kühlschrank stellen. Lässt sich gut für längere Aufbewahrung einfrieren.

Frühstückshaferbrei

(ergibt etwa 3 Portionen)

2¼ Tassen	Wasser
1 TL	*grünes Steviapulver* ODER 1 TL *Wasserextrakt aus Stevia*
1 Tasse	Haferflocken
	Milch oder wahlweise Joghurt

• Bringen Sie das Wasser in einem Topf zum Kochen. Mischen Sie Stevia und Haferflocken, und fügen Sie das Wasser hinzu. Kochen Sie das Ganze fünf Minuten bei mittlerer Hitze unter gelegentlichem Rühren. Nehmen Sie den Topf vom Herd, bedecken Sie den Topf mit einem Deckel und stellen Sie das Ganze für drei Minuten zur Seite, bevor Sie servieren. Geben Sie Milch oder Joghurt dazu.

Zimt-Apfel-Haferbrei

(ergibt 3 Portionen)

1¼ Tassen	Apfelsaft
1 Tasse	Wasser
Prise	Zimt
½ TL	*grünes Steviapulver*
1 Tasse	Haferflocken
	Milch oder wahlweise Joghurt

• Geben Sie Saft, Wasser, Zimt und grünes Steviapulver in einen Topf. Bringen Sie das Ganze zum Kochen. Haferflocken hinzugeben. Kochen Sie das Ganze fünf Minuten bei mittlerer Hitze unter gelegentlichem Rühren. Nehmen Sie den Topf vom Herd, bedecken Sie den Topf mit einem Deckel und stellen Sie das Ganze für drei Minuten zur Seite, bevor Sie servieren. Geben Sie Milch oder Joghurt dazu.

Frühstückswürstchen

(ergibt 6 Würstchen)

1 TL	Olivenöl plus etwas mehr zum Braten
2 TL	helle Sojasoße oder ein ähnliches Würzmittel
2 TL	kleingehackter Salbei
1/8 TL	Piment
¼ TL	*grünes Steviapulver*
Prise	zerkleinerte rote Chiliflocken oder Kurkuma (Gelbwurz)
1/8 TL	Muskat
½ TL	zerkleinerten getrockneten Basilikum
½ TL	gemahlene Koriandersamen (nach Wahl)
	Salz und Pfeffer nach Geschmack
500 g	Hackfleisch (Rind)
½ Tasse	geriebener Apfel – etwa die Hälfte eines Apfels

• Geben Sie die Gewürze in eine Rührschüssel und vermischen Sie sie. Geben Sie das Hackfleisch und den Apfel hinzu und vermengen Sie das Ganze. Bedecken Sie die Schüssel und stellen Sie sie für zwei Stunden oder über Nacht in den Kühlschrank.

• Gießen Sie das Öl in eine Bratpfanne, formen Sie Würstchen aus der vorbereiteten Masse und braten Sie sie langsam bei geringer Hitze. Nutzen Sie das übrige Bratenfett, um ein anderes Gericht, wie zum Beispiel Rühreier, zu würzen.

Variante: Statt Rinderhackfleisch können Sie auch Schwein, Pute oder Huhn verwenden.

Vanille-Nuss-Eiskreme

(ergibt 4 Portionen)

3 ½	Bananen, geschält
½ Tasse	Apfelsaft
¼ TL	*grünes Steviapulver*
½ TL	Vanillearoma
1/3 Tasse	Naturjoghurt, fettreduziert
2 EL	Erdnussbutter

• Mindestens zwei Tage bevor Sie dieses Rezept zubereiten, teilen Sie die Bananen in Stücke, geben Sie sie in einen Plastikbeutel und frieren Sie sie ein.

• Geben Sie die übrigen Zutaten in einen Mixer. Geben Sie ein paar der gefrorenen Bananenstücke hinzu und mixen Sie das Ganze mit niedriger Geschwindigkeit, erhöhen Sie langsam die Geschwindigkeit. Fügen Sie die übrige Banane auf einmal hinzu. Wenn die Mischung zu dick zum Vermischen wird, geben Sie ein bisschen mehr Apfelsaft dazu. Sofort servieren.

Nährwertinformationen pro Portion

Kalorien	171	Ballaststoffe	3 g
Kohlenhydrate	30 g	Calcium	49 g
Protein	4 g	Vitamin A	112 IU
Fett	5 g	Vitamin C	16 mg
Natrium	55 g		

Orangen-Stevia-Limonade

(ergibt 6 ¼ Tassen Limonade)

4 ½ Tassen	Mineralwasser
1 ½ Tassen	Orangensaftkonzentrat
¼ Tasse	*Wasserextrakt aus Stevia*

• Geben Sie alle Zutaten in einen Krug. Kurz umrühren. Am Besten sofort genießen. Fest verschließen und den Rest kühlen.

Schokoladen-Milchshake

(ergibt 2 Portionen)

2	geschälte Bananen
1 ½ Tassen	Milch (kann auch durch Sojamilch oder Reisgetränk ersetzt werden)
2 TL	*grünes Steviapulver* ODER 7 TL *Wasserextrakt aus Stevia*
½ TL	Vanillearoma

• Mindestens zwei Tage, bevor Sie dieses Rezept zubereiten, teilen Sie die Bananen in Stücke, geben Sie sie in einen Plastikbeutel und frieren Sie sie ein.

• Geben Sie die übrigen Zutaten in einen Mixer. Geben Sie ein paar der gefrorenen Bananenstücke hinzu und mixen Sie das Ganze mit mittlerer Geschwindigkeit, erhöhen Sie langsam die Geschwindigkeit. Fügen Sie die übrige Banane nach und nach hinzu und fahren Sie fort, bis die Masse gleichmäßig ist. Sofort servieren.

Pfirsich-Smoothie

(ergibt 3 Portionen)

2 bis 3	geschälte Bananen
2 Tassen	gefrorene, ungesüßte Pfirsichscheiben
1 TL	*grünes Steviapulver* ODER 1 TL *Wasserextrakt aus Stevia*
	Prise Zimt
2/3 Tasse	Wasser

• Geben Sie alle Zutaten der Reihenfolge nach in einen Mixer und vermischen Sie das Ganze bis eine gleichmäßige Masse entsteht. Decken Sie den Mixer während des Mixens ab. Beginnen Sie mit niedriger Geschwindigkeit, die Sie langsam heraufdrehen. Sofort servieren.

Erdbeersuppe

(ergibt 4 ½ Tassen Suppe)

3 Tassen	frische oder gefrorene Erdbeeren
¾ l	zuckerfreien weißen Traubensaft
¾ Tasse	Naturjoghurt, fettreduziert
¾ TL	*grünes Steviapulver* ODER 2 TL *Wasserextrakt aus Stevia*

• Pürieren Sie Erdbeeren und Saft in einem Mixer. Decken Sie den Mixer während des Mixens ab. Geben Sie die übrigen Zutaten hinzu und kühlen Sie das Ganze mindestens zwei Stunden im Kühlschrank. Umrühren und servieren.

Variante: Auch köstlich mit zuckerfreiem Kirschsaft an Stelle des Traubensafts.

Erdbeer-Smoothie

(ergibt 3 Portionen)

2 bis 3	geschälte Bananen
1 TL	*Wasserextrakt aus Stevia*
2 Tassen	gefrorene Erdbeeren
1/8 TL	Vanillearoma
2/3 Tasse	Wasser
¼ Tasse	Naturjoghurt (wahlweise)

• Teilen Sie die Bananen in Stücke und geben Sie sie in einen Mixer. Fügen Sie dem Wasserextrakt aus Stevia, eine Tasse Erdbeern, das Vanillearoma und Wasser hinzu. Mixen Sie langsam bei geringer Geschwindigkeit und erhöhen Sie die Geschwindigkeit langsam bei geschlossenem Mixer. Geben Sie die übrigen Erdbeeren nach und nach hinzu, bis sich eine gleichmäßige Masse ergibt. Wenn gewünscht, geben Sie den Joghurt hinzu. Servieren.

Variante: Dieses Smoothie kann mit frischen Erdbeeren zubereitet werden. In diesem Fall frieren Sie Bananenstücke, Wasser und Vanillearoma frühzeitig ein. Geben Sie dann die Bananenstücke langsam hinzu und mixen Sie bis sich eine gleichmäßige Masse ergibt.

Chocolate Chip-Kekse

(ergibt etwa 26 Kekse)

¼ Tasse	weiche Butter
2 TL	*grünes Steviapulver*
1	großes Ei
3 TL	Pflaumensaft
1 TL	Vanillearoma
¾ Tasse	Weizenmehl
¼ TL	Backpulver
¼ TL	Salz
½ Tasse	Schokoladenraspel
½ Tasse	grob gehackte Walnüsse

• Heizen Sie den Ofen auf 160° Grad Celsius vor.

• Verwenden Sie einen Schneebesen oder einen Holzlöffel, um Butter und grünes Steviapulver zu vermischen. Geben Sie Ei, Pflaumensaft und Vanillearoma hinzu und vermengen Sie das Ganze. Sieben Sie Mehl, Backpulver und Salz. Geben Sie alles in die Buttermischung und mischen dann die Schokoladenraspel und Nüsse darunter.

• Formen Sie Kekse auf leicht eingeöltem Backpapier. Das Ganze für zehn oder elf Minuten backen. Lassen Sie die Kekse auf einem Gitter abkühlen.

Variante: Für glutenfreie Kekse ersetzen Sie ¾ Tasse glutenfreies Mehl an Stelle des Weizenmehls und geben Sie außerdem ½ TL Xanthan hinzu. Vermischen und wie oben beschrieben und backen.

Xanthan ist ein Pulver, das manchmal dazu verwendet wird, Gluten in Backrezepten für Brot und Kekse zu ersetzen. Erhältlich in Bioläden oder Reformhäusern.

Gluten ist eine Art von Protein, das in vielen Getreidesorten vorkommt. Glutenfreie Zutaten sind für die erhältlich, die an einer Glutenintoleranz leiden.

Zitronenkuchen

(ergibt 8 Portionen)

1 Rezept	Zitronenchiffongarnierung (Seite 70)
2 TL	*grünes Steviapulver*
3 EL	Speisestärke
1 Tasse	Wasser
1 Tasse	Orangensaft
1	extragroßes Ei
55 g	Frischkäse
1/8 TL	Zitronenaroma
¼ Tasse	frischer Zitronensaft
1	Tortenboden, 22 cm Durchmesser, gebacken

• Bereiten Sie die Zitronenchiffongarnierung vor und stellen Sie sie in den Kühlschrank.

• Vermischen Sie das grüne Steviapulver, Speisestärke, Wasser, Orangensaft und das Ei in einem Topf. Kochen Sie das Ganze bei mittlerer Hitze, bis es dick wird. Reduzieren Sie die Hitze und kochen Sie die Masse eine weitere Minute. Nehmen Sie den Topf vom Herd. Rühren Sie den Frischkäse, das Zitronenaroma und den Zitronensaft unter die Masse. Lassen Sie alles auf Raumtemperatur herunterkühlen. Geben Sie Masse auf den Tortenboden und stellen Sie den Kuchen für zwei bis drei Stunden kalt. Verrühren Sie die Zitronenchiffongarnierung kurz und heben Sie sie auf den Kuchen. Über Nacht kühl stellen.

Rhabarber-Erdbeerkuchen

(ergibt einen Kuchen mit 25 cm Durchmesser)

Teig für einen zweilagigen Kuchen mit 25 cm Durchmesser

¾ Tasse	Vollkornweizenmehl (es kann jedes Vollkornmehl verwendet werden)
2 EL	*grünes Steviapulver*
3 Tassen	frische Rhabarberstangen, in Stücke geschnitten
3 Tassen	frische Erdbeeren, in Scheiben geschnitten
2 EL	Butter

• Legen Sie die untere Teigplatte in eine Kuchenform.

• Vermischen Sie Mehl und grünes Steviapulver in einer großen Rührschüssel. Geben Sie Rhabarber und Erdbeeren hinzu und vermengen Sie das Ganze gut miteinander. Geben Sie die Masse auf den vorbereiteten Tortenboden. Das Ganze mit Butter bestreichen.

• Befeuchten Sie die äußere Kante der unteren Teigplatte mit Wasser. Legen Sie die obere Teigplatte oben drauf und drücken Sie die Kanten zusammen. Schneiden Sie die obere Platte ein, damit Dampf entweichen kann. Backen Sie den Kuchen 30 Minuten bei 200° Grad Celsius. Reduzieren Sie die Ofenhitze auf 170° Grad Celsius und backen Sie den Kuchen weitere 30 Minuten. Bedecken Sie die Form für die letzten 15 Minuten mit Backpapier, um Überbräunen zu vermeiden. Lassen Sie den Kuchen auf einem Gitter auskühlen. Bedecken Sie den Kuchen und stellen Sie ihn über Nacht kühl. Lässt sich auch gut bei Raumtemperatur servieren.

Nährwertinformationen pro Portion

Kalorien	121	Ballaststoffe	3 g
Kohlenhydrate	15 g	Calcium	51 g
Protein	2 g	Vitamin A	310 IU
Fett	5 g	Vitamin C	28 mg
Natrium	84 g		

Blaubeerkuchen

(ergibt einen Kuchen mit 22 cm Durchmesser)

1 Tortenboden mit 22 cm Durchmesser, gebacken

Zutaten für die Blaubeerfüllung:

1 ½ Tassen	ungesüßter weißer Traubensaft
4 EL	Speisestärke
2 ¼ TL	*grünes Steviapulver*
3 Tassen	ungesüßte Blaubeeren
½ TL	Vanillearoma

Zutaten für die Frischkäselage:

125 g	Frischkäse
1/3 Tasse	Naturjoghurt
½ TL	Vanillearoma
2 EL	ungesüßter weißer Traubensaft
¼ TL	*grünes Steviapulver*

• Vermischen Sie 1 ½ Tassen weißen Traubensaft, Speisestärke und die Blaubeeren in einem Topf. Kochen Sie die Masse unter ständigem Rühren bei mittlerer Hitze, bis sie sich verdickt. Geben Sie das Vanillearoma hinzu und rühren Sie. Stellen Sie nun den Topf zum Abkühlen in Eiswasser.

• Vermengen Sie in einer kleinen, tiefen Rührschüssel Frischkäse, Joghurt, Vanillearoma, 2 EL weißen Traubensaft und ¼ TL grünes Steviapulver. Streichen Sie die Mischung auf den Tortenboden. Geben Sie die Blaubeerfüllung darauf. Kühlen Sie den Kuchen mindestens drei Stunden, bevor Sie ihn servieren.

Varianten:
Statt des weißen Traubensafts kann jeder Fruchtsaft verwendet werden.
¼ Tasse Wasserextrakt aus Stevia kann statt des grünen Steviapulvers in der Blaubeerfüllung verwendet werden (reduzieren Sie dann auch den Traubensaft auf 1 ¼ Tassen).
2 TL Wasserextrakt aus Stevia kann statt des grünen Steviapulvers in der Frischkäselage ersetzt werden (reduzieren Sie auch den Traubensaft auf einen EL).

Carobseidenkuchen

(ergibt 8 Portionen)

½ Tasse	Carobraspel
2 EL	Pflanzenöl
ca. 350 g	festes Tofu
1 TL	*grünes Steviapulver*
1 TL	Vanillearoma
1/8 TL	Orangenextrakt, wahlweise
2/3 Tasse	Naturjoghurt
1	Tortenboden, 22 cm, gebacken

• Schmelzen Sie die Carobflocken mit Öl bei niedriger Hitze in einer schweren Pfanne. Geben Sie die übrigen Zutaten in einen Mixer. Fügen Sie die Carobflockenmischung hinzu und mixen Sie weiter, bis eine glatte Masse entsteht. Gießen Sie die Mischung auf den Tortenboden. Kühlen.

Kokosnusssahne

(ergibt 2 ½ Tassen Sahne)

Köstlich zu Teekuchen, Kuchen oder anderen Nachtisch

½ Tasse	Kokosnussmilch
1 Tasse	geschlagene Sahne
1 TL	*grünes Steviapulver*
1 TL	Vanillearoma
¼ TL	Mandelaroma, wahlweise

• Kühlen Sie eine kleine Rührschüssel und die Rührstäbe für das Rührgerät. Öffnen Sie die Kokosnussmilch und messen Sie ½ Tasse der dicken Masse ab. Den Rest verwenden Sie für ein anderes Gericht.

• Geben Sie den Rest der anderen Zutaten hinzu. Schlagen Sie die Creme bis mittelgroße Spitzen stehen bleiben, wenn die Rührstäbe herausgenommen werden (zu viel Schlagen ergibt Klumpen). Direkt servieren oder nur kurz im Kühlschrank aufbewahren.

Zitronenchiffongarnierung

(ergibt 10 Portionen)

2/3 Tassen	Wasser
1 TL	geschmacklose Gelatine
½ Tasse	fettarmes Milchpulver
1 TL	Vanillearoma
1/8 - ¼ TL	Zitronenaroma
1 TL	*grünes Steviapulver*
Prise	Salz
4 EL	Pflanzenöl

• Gießen Sie Wasser in einen kleinen Topf. Geben Sie die Gelatine hinein und stellen Sie den Topf fünf Minuten zur Seite, damit die Gelatine weich werden kann. Lösen Sie sie mit niedriger Hitze auf und rühren Sie wenn nötig. Nehmen Sie den Topf vom Herd und rühren Sie das Milchpulver, das Vanille- und Zitronenaroma, grünes Steviapulver und Salz hinein. Kühlen Sie die Masse in einer Rührschüssel, bis sie sich teilweise abgesetzt hat. Schlagen Sie die Masse vier Minuten. Geben Sie Öl hinzu und rühren Sie es nach und nach unter. Die Garnierung ist sehr leicht. Hält sich gut im Kühlschrank.

Variante: Für Vanillechiffongarnierung lassen Sie das Zitronenaroma weg und fügen stattdessen ¼ TL Vanillearoma hinzu.

Gebackener Pudding

(ergibt 5 Portionen)

3	extragroße Eier
1 ½ Tassen	Milch
1 ¼ TL	*grünes Steviapulver*
1 ½ TL	Vanillearoma
1/8 TL	Zimt

• Schlagen Sie die Eier mit einem Schneebesen. Geben Sie die übrigen Zutaten hinzu und schlagen Sie erneut. Bedecken Sie die Schüssel und kühlen Sie das Ganze eine Stunde, damit sich die Aromen verbinden können. Gießen Sie die Masse in fünf Puddingförmchen. Stellen Sie die Förmchen in eine flache Backform. Gießen Sie sehr heißes Wasser um die Förmchen, etwa 2,5 cm hoch. Backen Sie bei 160° Grad Celsius etwa 50 Minuten oder bis ein Messer, das in die Mitte eines Förmchens gesteckt wird, sauber wieder herausgezogen wird. Kühl servieren.

Variante: Sojamilch oder Reisgetränk kann anstelle von Milch verwendet werden.

Nährwertinformationen pro Portion

Kalorien	94	Ballaststoffe	0 g
Kohlenhydrate	4 g	Calcium	110 g
Protein	6 g	Vitamin A	444 IU
Fett	5 g	Vitamin C	0 mg
Natrium	81 g		

Kürbispudding

(ergibt 8 Portionen, je ½ Tasse)

4	Eier, leicht geschlagen
1 Dose	Kokosnussmilch
3 ½ - 4 TL	*grünes Steviapulver*
½ TL	Zimt
¼ TL	Muskatnuss
1/8 TL	Salz oder nach Geschmack
1 ½ TL	Vanillearoma
2 Tassen	gekochter Kürbis
	Naturjoghurt zum Garnieren, wahlweise

• Heizen Sie den Ofen auf 160° Grad Celsius vor.

• Nehmen Sie eine mittelgroße Rührschüssel oder einen Messbecher und schlagen Sie die Zutaten in der oben angeführten Reihenfolge mit dem Schneebesen, den Kürbis geben Sie als letztes hinzu. Gießen Sie ½ Tasse Pudding in jede der Puddingförmchen. Stellen Sie die Förmchen in eine ca. 22 x 30 cm große Back- oder Auflaufform. Gießen Sie vorsichtig heißes Wasser um die Förmchen, etwa 3 cm hoch. Backen Sie, bis ein Messer, das in die Mitte eines Förmchens gesteckt wird, sauber wieder herausgezogen werden kann, etwa 50 bis 55 Minuten lang. Kann warm oder gekühlt gegessen werden.

Grapefruit-Kiwi-Salat

(ergibt 4 Portionen)

2/3 Tassen	fettarmer Naturjoghurt
¼ TL	*grünes Steviapulver*
¼ - ½ TL	trockene Zitronenschale
3 EL	Orangensaft
1 ½ Tassen	gewaschene und halbierte Trauben
3	Kiwis, geschält und gewürfelt
	gezupfter Kopfsalat oder gemischter grüner Salat
3	frische Steviablätter, wahlweise zerkleinert

• Schlagen Sie die ersten vier Zutaten mit dem Schneebesen für das Dressing. Kühlen.

• Vermischen Sie die Früchte. Arrangieren Sie die Salatblätter auf Tellern. Geben Sie die Früchte mit einem Löffel auf den Salat. Beträufeln Sie die Früchte mit dem Dressing. Garnieren Sie mit frischen Steviablättern. Sofort servieren.

Variante: Ein gewürfelter Apfel kann noch hinzu gegeben werden.

Ananas-Beeren-Gelatine
(ergibt 8 Portionen)

4 Tassen	zuckerfreien Beerensaft
2 Packungen	geschmacklose Gelatine
1 TL	*grünes Steviapulver* ODER 1 TL *Wasserextrakt aus Stevia*
1/8 TL	Zitronenaroma, wahlweise
2 Tassen	Ananasstückchen

• Gießen Sie eine Tasse Saft in einen Topf. Geben Sie die Gelatine hinein und stellen Sie den Topf fünf Minuten zur Seite, damit die Gelatine weich werden kann. Lösen Sie sie mit niedriger Hitze auf, und rühren Sie, wenn nötig. Nehmen Sie den Topf vom Herd und rühren Sie den übrigen Saft, Stevia, das Zitronenaroma und Früchte hinein. Geben Sie alles in eine Servierschüssel. Kühlen. Wenn die Masse teilweise geliert ist, rühren Sie die Früchte ein. Kühlen.

Variante: In Scheiben geschnittene Früchte können an Stelle der Ananas verwendet werden. Mandel- oder Orangenextrakt kann anstelle von Zitronenextrakt verwendet werden.

Süßsaure Fleischbällchen

(ergibt 5 Portionen)

1 TL	vorbereiteter Senf
2 TL	natriumreduzierte Sojasoße
¼ Tasse	ungesüßte Apfelsoße
1 TL	*grünes Steviapulver*
3 TL	Wasser
1 TL	gehackte, trockene Zwiebel
¼ TL	gemahlener Ingwer
500 g	mageres, gehacktes Putenfleisch
1 ½ TL	gehackte, trockene Zwiebel
¼ TL	Geflügelwürzmischung, wahlweise
	Salz nach Geschmack,
	wahlweise Butter oder Öl zum Braten
	gehackte frische Petersilie
	noch heißer, gekochter, brauner Reis

• Mischen Sie in einer kleinen Rührschüssel Senf, Sojasoße, Apfelsoße, grünes Steviapulver, Wasser, 1 TL gehackte, trockene Zwiebel und Ingwer. Beiseite stellen.

• Vermischen Sie mit einer Gabel Pute, 1 ½ TL gehackte trockene Zwiebel, ¼ TL Geflügelwürzmischung und Salz. Erhitzen Sie Butter in einer mittelgroßen Auflaufform. Formen Sie die Fleischmasse in 20 Bällchen und braten Sie sie in einer Auflaufform bei mittlerer Hitze an. Reduzieren Sie die Hitze auf niedrige Temperatur und gießen Sie die Senfmischung über die Fleischbällchen. Kochen Sie das Ganze 20 Minuten, bis die Fleischbällchen durchgebraten und innen nicht mehr rosa sind. Legen Sie sie auf eine Platte mit heißem Reis. Mit Petersilie bestreuen.

Pikante Spaghettisoße

(ergibt etwa 6 ½ Tassen)

Gehaltvoller, hausgemachter Geschmack, aber ganz einfach zuzubereiten! Optimieren Sie sie mit den beliebtesten Gewürzen, aber das Geheimnis ist das grüne Steviapulver. Stevia verstärkt alle Geschmacksrichtungen. Servieren Sie das Spezial-Knoblauchtoast (Seite 77) und einen Salat für ein vollständiges Familienessen dazu!

500 g	Hackfleisch (Rind)
1	mittelgroße Zwiebel
2	Knoblauchzehen
2 TL	italienische Gewürzmischung
½ TL	salzfreie Kräuterwürze (Seite 79)
4 TL	getrockneter Basilikum
½ TL	*grünes Steviapulver*
1 Dose	Tomatenmark, etwa 150 Gramm
2 Dosen	ungewürzte, gewürfelte Tomaten, etwa 400 Gramm pro Dose
1 Tasse	Wasser
	Salz und Pfeffer nach Geschmack
1 Dose	Pilze oder 250 Gramm frische Pilze, falls gewünscht
½ Tasse	grüne Paprika, klein geschnitten

• Geben Sie das Hackfleisch in einen großen Topf bei mittlerer Hitze. Verteilen Sie das Hackfleisch im Topf und rühren Sie, bis es überall leicht gebräunt ist. Schütten Sie überflüssiges Fett ab. Geben Sie Zwiebeln und Knoblauch hinzu. Rühren Sie zwei bis drei Minuten weiter. Geben Sie die übrigen Zutaten dazu und lassen Sie das Ganze etwa 20 Minuten leicht simmern. Servieren zu Pasta, Reis, Kürbis oder grünen Bohnen.

Variante: Getrocknete Steviablätter können in diesem Rezept durch das grüne Steviapulver ersetzt werden. Bröseln Sie ungefähr sechs Blätter in die Soße. Rühren Sie und warten Sie für drei bis fünf Minuten. Schmecken Sie die Soße ab. Fügen Sie mehr getrocknete Steviablätter hinzu, wenn gewünscht.

* Vorgewürzte, gewürfelte Tomaten können auch verwendet werden, aber verringern Sie dann die Menge an Gewürzen, die Sie in die Soße geben.

Spezial-Knoblauchtoast

Brot (wir mögen das schwere Vollkornbrot)
Butter
Meersalz
Knoblauchpulver
grünes Steviapulver

• Um dieses Gericht so einfach und frisch wie möglich zu machen, versuchen Sie diese Abkürzung: Toasten Sie das Brot in einem Toaster. Streichen Sie sofort Butter auf die Scheiben und besprenkeln Sie sie mit Salz und Knoblauchpulver. Bestäuben Sie die Toasts mit grünem Steviapulver. Sie brauchen die Toasts nicht vollständig mit den Zutaten zu belegen – das gilt besonders für das grüne Steviapulver. Experimentieren Sie mit den Mengen, aber bedenken Sie, dass Sie mit Stevia nicht so viel Salz benötigen.

Kräuterklöße für Eintöpfe

(ergibt 20 Klöße)

Gemüse- oder Hühnereintopf für acht Personen

2 Tassen	Vollkornmehl, Weizen oder glutenfrei
2 ½ TL	Backpulver
1/8 TL	*grünes Steviapulver*
1 TL	Salz oder Meersalz
2	extragroße Eier
½ Tasse	Milch
2 TL	Pflanzenöl
1 EL	frisch gehackte Petersilie oder ½ TL getrocknete Petersilie
½ TL	salzfreie Kräuterwürze (Seite 79)

• Kochen Sie einen Eintopf und lassen ihn simmern.

• Vermischen Sie Mehl, Backpulver, grünes Steviapulver und Salz. Beiseite stellen.

• Geben Sie Eier, Milch, Pflanzenöl, Petersilie und die salzfreie Kräuterwürze zusammen und vermischen Sie sie. Fügen Sie das Ganze zu der Mehlmischung und vermengen Sie alles.

• Formen Sie die Klöße mit einem Löffel, geben Sie sie in den Eintopf und kochen Sie sie 12 bis 14 Minuten bei niedriger Hitze. Holen Sie einen Kloß heraus, schneiden ihn auf und überprüfen Sie, ob er fertig ist. Heiß mit dem Eintopf servieren.

Salzfreie Kräuterwürze

(ergibt etwa 9 TL)

Großartig für Salate, Sandwiches, Suppen, Pasta, Fisch und Fleischgerichte

2 TL	getrockneter, gemahlener Basilikum
¼ TL	gemahlener Koriander
3 TL	Zwiebelpulver
¼ TL	*grünes Steviapulver*
1 TL	Knoblauchpulver
2 TL	getrocknete, gemahlene Petersilie
½ TL	getrockneter Thymian
¼ TL	Kurkuma, wahlweise

• Vermischen Sie die Zutaten in einem Plastikbehältnis mit Deckel. Die Würze kann sich leicht absetzen, deshalb vor Gebrauch noch einmal durchschütteln.

Cremige Kräutersalatsoße

(ergibt etwa ¾ Tasse)

1/3 Tasse	Mayonnaise
1/3 Tasse	Naturjoghurt
¼ TL	*grünes Steviapulver*
2 TL	frischer Zitronensaft oder ¼ TL Zitronenschale
¼ TL	getrocknete Petersilie
	Salz nach Geschmack
¼ TL	salzfreie Kräuterwürze

• Vermischen Sie alle Zutaten in einem Gefäß mit großer Öffnung und Deckel. Kühl stellen.

Zitronenschale für die Küche bezeichnet die geschmackvolle äußerste Schicht von Zitrusfrüchten. Nehmen Sie sie mit einer Reibe ab. Nur die farbige Schicht verwenden.

Variation: Für einen Fruchtsalat lassen Sie die salzfreie Kräuterwürze weg.

Sonnenblumen-Haferflocken-Rollen

(ergibt 20 Portionen)

¼ Tasse	Pflanzenöl
1 1/8 Tasse	Wasser
1	extra großes Ei
2 ½ Tassen	Semmelbrösel
1 Tasse	Vollkornmehl
¼ Tasse	geröstete Weizenkeime
¼ Tasse	Haferkleie
¼ Tasse	Sonnenblumenkerne
1 EL	Mohn, wahlweise
1 TL	*grünes Steviapulver*
1 TL	Salz
2 ½ TL	Trockenhefe

• Geben Sie alle Zutaten in eine Brotbackmaschine nach Angabe des Herstellers. Aktivieren Sie das Programm für Vollkornbrotmehl. Nach Ende des ersten Turnus nehmen Sie den Teig heraus und teilen ihn in 20 Teile. Formen Sie die Teile in Rollen. Setzen Sie sie mit 5 cm Abstand auf leicht gefettetes Backpapier. Bedecken Sie die Rollen mit einem sauberen Küchenhandtuch und stellen Sie sie an einen warmen Ort. Lassen Sie sie gehen, bis sie die doppelte Größe erreicht haben, etwa 45 Minuten. Nehmen Sie das Handtuch ab und backen Sie die Rollen bei 190° Grad Celsius im Ofen etwa 12 Minuten. Lassen Sie die Rollen auf einem Gitter abkühlen. Kann für den späteren Gebrauch eingefroren werden.

Kürbismuffins

(ergibt 12 kleine Muffins)

Frieren Sie eine kleine Zahl für einen Zwischendurch-Snack ein. Tauen in wenigen Minuten auf und schmecken lecker mit Butter oder Marmelade.

Trockene Zutaten:

1 ½ Tassen	weißes Reismehl (oder Weizenmehl)
2 TL	Backpulver
¼ TL	Meersalz
1 ½ TL	Zimt
½ TL	Muskat
½ TL	*grünes Steviapulver*

Nasse Zutaten:

¼ Tasse	Pflanzenöl
¾ Tasse	gekochter oder pürierter Kürbis
½ TL	Mandel- oder Vanillearoma

• Heizen Sie den Ofen auf 200° Grad Celsius vor und fetten Sie zwölf Muffinförmchen leicht ein.

• Vermischen Sie die trockenen Zutaten in einer großen Rührschüssel. In einer anderen Rührschüssel vermegen Sie die nassen Zutaten.

• Geben Sie die Inhalte beider Schüsseln zusammen. Rühren Sie langsam, bis der Teig befeuchtet ist. Es ist akzeptabel, ein paar Klumpen im Teig zu haben. Teilen Sie die Masse in 12 Portionen auf. Backen Sie die Muffins im vorgeheizten Ofen 18 bis 20 Minuten oder bis sie leicht gebräunt sind.

Variation: Geben Sie ⅓ Tasse Rosinen oder gehackte Nüsse dazu, nachdem Sie die trockenen Zutaten beigefügt haben.

Reis-Tomatensuppe

(ergibt 4 Portionen/ pro Portion eine Tasse)

2 Tassen	Reismilch
2 Tassen	Tomatensaft oder 1 Dose (125 Gramm) gewürfelte Tomaten mit Saft
1	Knoblauchzehe, in Scheiben geschnitten
3 TL	gehackte, trockene Zwiebel
2 Stangen	Sellerie, in Scheiben geschnitten
¼ TL	*grünes Steviapulver*
3 EL	Butter
2 - 3 EL	Reismehl

• Erhitzen Sie die Reismilch in einem Topf, bis sie fast kocht.

• Geben Sie die übrigen Zutaten in einen Mixer. Mixen Sie, bis eine gleichmäßige Masse entsteht. Fügen Sie diese zu der Reismilch hinzu. Bringen Sie die Reissuppe unter ständigem Rühren wieder zum Simmern. Lassen Sie sie fünf Minuten simmern. Servieren Sie sie so oder mit einer der folgenden Garnierungen:

• Joghurt oder saurer Sahne
• Mayonaise
• gehacktem Schnittlauch
• Salzfreier Kräuterwürze (Seite 79)

Anhang

Quellen für Stevia und Hilfsmittel

Die in diesem Buch enthaltenen Stevia Samen haben wir bezogen über:

Karl Schmitz GmbH & Co.KG,
Remigiusplatz. 3, 53111 Bonn, Tel.: 0228 / 63 42 47, Fax: 0228 / 69 59 35

Nachfolgende Liste ist nicht vollständig, aber wir geben diese Kontakte zu Ihrer Information weiter. Wir haben nicht mit allen aufgeführten Firmen gearbeitet, weshalb die Aufführung nicht notwendigerweise unsere Befürwortung voraussetzt.

Firma	Erhältliche Produkte
www.amazon.de	Stevia Samen Stevia Blätter Stevia Tabs Stevia Pulver Stevia flüssig
www.Baldur-Garten.de	Stevia Pflanzen
www.bioprodukt-versand.de	Stevia Tabs Stevia Blätter
www.bionaturhandel.de	Stevia Samen
www.blauer-planet.de	Stevia Sirup Stevia Blätter Stevia Tabs Stevia Pulver Stevia flüssig

www.curativo.de	Stevia Portionssticks Stevia Blätter, geschnitten Stevia Tabs Stevia Pulver Stevia flüssig Stevia Zahnpasta Stevia Instant Stevia Granulat
www.DiaShop.de	Stevia Portionssticks Stevia Blätter Stevia Tabs Stevia Pulver Stevia flüssig Stevia Zahnpasta
www.exoga.de	Stevia Samen
www.elcompra.de	Stevia Samen Stevia Blätter Stevia Tabs Stevia Pulver Stevia flüssig Stevia Zahnpasta

www.natur-trend-produkte.de	Stevia Blätter Stevia Pulver Stevia flüssig
www.PureNature.de	Stevia Portionssticks Stevia Blätter Stevia Tabs Stevia Pulver Stevia flüssig
www.ruehlemanns-shop.de	Stevia Samen Stevia Pflanzen
www.samenfachversand.de	Stevia Samen
www.samentraum.de	Stevia Samen
www.sandos-Naturkost.de	Stevia Tabs
www.stevia-de.com	Stevia Portionssticks Stevia Tabs Stevia Pulver Stevia flüssig Stevia Zahnpasta
www.stevialaden.de	Stevia Samen Stevia Blätter Stevia Tabs Stevia Pulver Stevia flüssig
www.vitanatura.de	Stevia Samen Stevia Blätter Stevia Tabs Stevia Pulver Stevia flüssig

Quellen für zusätzliche Informationen

www.freestevia.de
Umfangreiche Infoseite des Förderkreises „Free Stevia“

www.stevia-zuckerersatz.de
Vielseitige Informationen und verlinkt mit diversen Internet-Shops

Stevia. Das Rezeptbuch
von Jeffrey Goettemoeller

In den Rezepten wird vorwiegend weißer Extrakt aus Stevia verwendet. Erhältlich in Bioläden, Reformhäusern oder auf diesen Webseiten:

www.amazon.de
www.stevia-handel.de
www.steviamarkt.de

Glossar

Aufzuchtbehälter – Behälter, um Pflanzen aufzuziehen – normalerweise kleine Plastiktöpfe oder Kammern, die gruppenartig angeordnet sind. Üblich sind Pakete mit sechs Kammern. Zwölf sechser Pakete passen auf einen Standard-Anzuchtschale. Anzuchtschalen mit Aufzuchtbehältern sind weit verbreitet erhältlich und ideal, um große Mengen Stevia oder andere Beetpflanzen aufzuziehen.

Anzuchtschale – Ein flacher Behälter, um Jungpflanzen aufzunehmen. Kann mit einem durchsichtigen Deckel versehen werden, um Samen zum Keimen zu bringen. Die gebräuchlichste Größe in den USA ist etwa 28 cm breit und 53 cm lang.

Beschneiden – Einen Teil der Pflanze entfernen. Stängelspitzen von Steviapflanzen sollten alle paar Wochen während des frühen Teils der Wachstumsperiode entfernt werden. Das begünstigt vorteilhaftes Verzweigen.

Blattläuse – Weichtiere, Pflanzensaft saugende Insekten mit einer Länge von etwa 1 bis 5 mm. Manchmal sind die jungen Steviablätter und Stängelspitzen befallen. Normalerweise unproblematisch im Freiland. Problematischer sind Blattläuse in Gewächshäusern und bei Zimmerpflanzen. Sie können mit insektizider Seife oder natürlichen Fressfeinden wie Marienkäfer und Florfliegen bekämpft werden.

Blumenerde – Medium, um Pflanzen in Töpfen aufzuziehen. Sollte eine ausgewogene Balance von Luft, wasserspeichernde Kapazität und notwendige Nährstoffe enthalten.

Direktaussaat – Samen direkt im Freiland aussäen. Nicht empfohlen für Stevia, wegen der geringen Größe und hohen Kosten der Samen.

Dehydrator – Gerät mit Ablagen oder Tabletts, um Lebensmittel zu trocknen mittels niedriger Hitze und zirkulierender Luft.

Einweichen – Etwas in Flüssigkeit eintauchen. Steviablätter einzuweichen ist Teil des Prozesses, um Steviatee und Wasserextrakt aus Stevia herzustellen.

Empfindliche Mehrjährige – Eine Pflanze, die generell mehr als zwei Wachstumssaisons überlebt, aber nur, wenn die Temperaturen das ganze Jahr hauptsächlich oberhalb des Gefrierpunkts liegen. Stevia ist eine empfindliche Mehrjährige, die wie eine Einjährige (die jedes Jahr neu gepflanzt werden muss) in kälteren Klimata behandelt werden kann.

Fischdünger – Flüssigkeit oder Pulver aus Fischextrakt, entwickelt, um Pflanzen Nährstoffe zuzufügen. Nützlich für Steviapflanzen, die in wenig fruchtbarer Erde aufgezogen werden, sollte er in einer höheren Konzentration als normalerweise verwendet werden.

Fäulnis – Pilzbefall an Pflanzenstängeln und -blättern. Wird von hoher Luftfeuchtigkeit und kühlen Temperaturen begünstigt.

Gattung – Eine taxonomische Kategorie, die eine Gruppe von Pflanzenspezies mit gleichen Charakteristika bezeichnet. Innerhalb der *Stevia*-Gattung enthält nur die [Rebaudiana]-Gattung große Mengen an süßen Glykosiden.

Gemäßigtes Klima – Dieses Klima dominiert zwischen den Tropen und den Polarkreisen oder in höheren Lagen einiger tropischen Regionen.

Gluten – Ein Typ von Protein, der in vielen Getreidesorten vorkommt. Glutenfreie Zutaten sind für diejenigen erhältlich, die an einer Glutenunverträglichkeit leiden.

Glykämischer Index – Eine Maßeinheit für den Einfluss von Nahrungsmitteln auf den Anstieg des Blutzuckerspiegels. Steviablätter gelten als niedrig glykämisch, sie haben einen geringen Einfluss auf den Blutzuckerspiegel.

Glykoside – Eine Gruppe von Molekülen, bei denen Zuckerbestandteile an ein anderes Teil gebunden werden. Bestimmte Glykoside, Stevioside und Rebaudioside A als bedeutendste sind verantwortlich für den süßen Geschmack von Stevia. Rebaudioside A hat die beste Geschmacksqualität . Einige Autoren verwenden den Terminus „Stevioside", um alle Glykoside in der Steviapflanze zu bezeichnen.

Grüner Dünger – Pflanzen, die angepflanzt werden, um die Bodenbeschaffenheit zu verbessern.

Grünes Steviapulver – Pulverisierte trockene Steviablätter. Zu Hause hergestellt aus trockenen Blättern in einem Mixer oder mit einem Mörser. Nützlich in einigen Rezepten.

Grünsand – Ein sich langsam freisetzender Dünger, der aus Meeresablagerungen gebildet wird. Bietet hauptsächlich Potassium (Pottasche) und viele andere Spurenelemente. Es kann in Blumenerde, als Verbesserer von Gartenerde oder als Auftrag für den Boden verwendet werden.

Hochbeet – Niedriger Erdhügel, manchmal umrandet von Holz, Beton, Plastik, Ziegelsteinen oder anderen Begrenzungen, um die Erde einzugrenzen. Gut, um Stevia in Gegenden zu pflanzen, wo die Wasserablauffähigkeit der Erde schlecht ist, oder der Boden schwer (hoher Lehmanteil) ist.

Insektizide Seife – Spezielle Seife, entwickelt, um bestimmte Pflanzenschädlinge wie Blattläuse zu bekämpfen, wird direkt aufgesprüht.

Keimung – Die Entstehung von Pflanzen aus einer Periode der Keimruhe. Samenkeimung ist der Beginn eines Wachstumszyklus von Pflanzen wie Stevia.

Kompost – Aufgespaltenes, organisches Material, welches zur Bodenverbesserung oder als Wachstumsverbesserung eingesetzt wird. Gesiebter Kompost ist oftmals Bestandteil von Blumenerde oder Samenaufzuchterde. Vermischt mit Gartenerde verbessert er die Bodenstruktur und Fruchtbarkeit. In den meisten Böden ist Kompost der einzige Dünger, den man für eine erfolgreiche Steviaproduktion benötigt.

Kurztagpflanze – Pflanze, die nur unter Bedingungen von kurzen Tageslichttagen blüht. *Stevia rebaudiana* fällt in diese Kategorie. Generell produziert sie nur Blüten mit genügend Dunkelphasen in einer 24-Stunden-Perioden. In Missouri findet das normalerweise im Spätseptember statt. Die langen Tage des Sommers in höher gelegenen Breitengraden scheinen die Blüte zu unterdrücken und die Blattproduktion anzuregen.

Löß – Erde, die Sand, Lehm und Ton enthält, normalerweise mit einer niedrigeren Menge Lehm. Ideal für viele Pflanzen, einschließlich Stevia.

Letztes Frostdatum – Das durchschnittliche Datum des letzten Frostes im Frühling. Stevia sollte nicht bis einige Wochen nach dem letzten Frostdatum ohne ausreichenden Schutz ins Freiland gesetzt werden. Finden Sie Ihr letztes Frostdatum online, in Ihrer örtlichen Bücherei oder Ihrer Universität angeschlossenen landwirtschaftlichen Institute heraus.

Mehrjährige Pflanze – Pflanze, die normalerweise mehr als zwei Wachstumsperioden lebt. Stevia ist eine empfindliche Mehrjährige, d. h. dass sie normalerweise nicht draußen überlebt, wo die Temperaturen unter den Gefrierpunkt fallen.

Mulch – Material, dass auf die Bodenoberfläche aufgebracht wird, normalerweise verwendet, um Feuchtigkeit im Boden zu halten. Organische Mulche wie Stroh, Blätter oder Rasenschnitt halten die Erde auch kühler, bieten Nahrung für Regenwürmer und verbessern Schritt für Schritt die Bodenfruchtbarkeit.

Mutterpflanze – Pflanze, von der Material genommen wird, um neue Pflanzen zu vermehren.

Organisches Material – Erde aus organischem Material, die aus pflanzlichem und tierischem Material besteht, das vermodert ist. Unerlässlich für optimale Bodenbeschaffenheit und Fruchtbarkeit. Kann durch Mulchen mit organischem Material beigefügt werden oder indem Kompost in den Boden eingearbeitet wird.

Perlit – Typ vulkanischen Glas. Gärtnerperlit ist aufgebläht und leichtgewichtig. Es wird in weißen Perlen geliefert. Es fügt Luft zu der Blumen- und Aufzuchterde und ist ein gutes Medium für schon gewurzelte Stecklinge.

Quinoaflocken – Quinoa ist ein glutenfreies Getreide. In Flockenform kann Quinoa anstatt Haferflocken oder anstatt einem Teil von Mehl in einigen Rezepten verwendet werden.

Pflanzenvermehrung – Der Prozess Pflanzen zu reproduzieren. Stevia wird normalerweise durch Stecklinge oder Samen vermehrt.

Phosphatstein – Stein, mit einem hohen Anteil an phosphatischen Mineralien. Phosphat ist einer der Makronährstoffe, die von Pflanzen benötigt werden und mit Dünger zugeführt werden kann, der aus Phosphatstein gewonnen wird.

Pulver aus Steviaextrakt - Weißes oder fast weißes Pulver, das hauptsächlich ein oder mehr Glykoside der *Stevia rebaudiana* enthält.

Schwitzschlauch – Schlauch für Tropfbewässerung. Wasser tropft langsam aus Emittern oder winzigen Löchern. Verringert Wasserverbrauch und das Benässen von Pflanzenblättern.

Siliceagel – Poröse Form von Silicea (Kieselsäure), die als Trockenmittel (Trockenwirkstoff) fungiert. Erhältlich als feste Kügelchen, die die Färbe ändern, wenn sie durchtränkt sind. Kann in einem geschlossenen Behälter mit Steviasamen für lange Lagerung verwendet werden. Kann getrocknet und wiederverwendet werden.

Simmern – Kochtechnik. Flüssigkeit wird knapp unter dem Siedepunkt gehalten. Bringen Sie Wasser zum Kochen, verringern Sie die Hitze, bis nur noch Blasen aufsteigen.

Sonneneinwirkung – Ausdruck, um zu beschreiben, wieviel Sonnenlicht auf eine Pflanze trifft. An den meisten Plätzen gedeiht Stevia bei voller Sonne oder bei Nachmittagsschatten am besten. Während des Sommers kann in heißen Klimazonen zusätzlicher Schatten von Nöten sein und durch ein Schattentuch oder anderes Material, das an eine Art Rahmen angebracht wird, gespendet werden.

Steckling – Ein Teil des Pflanzenstängels für asexuelle Vermehrung. Steviastecklinge bilden in einem groben Wachstumsnährboden leicht Wurzeln.

Stehendes Wasser – Wasser, das auf der Oberfläche des Bodens stehenbleibt, nachdem es geregnet hat. Eine Stelle, wo Wasser eine lange Zeit, nachdem Regen gefallen ist, stehenbleibt, kann zu wassergesättigt für die optimale Produktion von Stevia sein. Ein Hochbeet kann in solchen Situationen hilfreich sein.

Stevia – Gattungsname für eine große Gruppe von Pflanzen und Sträuchern, die in Süd- und Mittelamerika beheimatet sind. Gebräuchlicher ist der Terminus für eine bestimmte Spezies, *Rebaudiana*, die eine signifikante Menge süßer Glykoside enthält.

Stevioside – Das bekannteste Glykosid der *Stevia rebaudiana*. Einige Autoren benutzen den Terminus, wenn sie sich auf alle Glykoside, die in der gesamten Steviapflanze zu finden sind, beziehen.

Tee-Ei – Üblicherweise ein hohler Metallball mit Löchern. Stellt Tee durch Eintauchen in heißes Wasser mit sich in dem Tee-Ei befindlichen Blättern her.

Teesieb – Korbähnliches Sieb mit Griff. Stellt Tee durch Eintauchen in heißes Wasser mit sich in dem Sieb befindlichen Blättern her.

Überwinterung – Überleben in der Wintersaison. In kalten Klimazonen muss Stevia normalerweise nach drinnen gebracht oder anders vor Frosttemperaturen im Winter geschützt werden. Künstliches Licht ist hilfreich.

Umpflanzung – Der Vorgang, eine Pflanze an eine andere Stelle zu pflanzen.

University Extension Agency – Bildet die Öffenlichkeit in Verbraucherfragen, Gartenbau und anderen Fächern in vielen Staaten der USA weiter.

USDA Hardiness Zone – Geografische Zonen, basierend auf klimatischen Bedingungen. Als erstes von dem U.S. Department of Agriculture (U.S. Landwirtschaftsministerium) eingeführt worden.

Vermikulit – Natürliches Mineral mit einer hohen Kationenaustauschkapazität. Gärtnervermikulit ist aufgebläht und leichtgewichtig. Günstig zum Eintopfen, in Aufzuchterde und um Steviasamen abzudecken, damit sie keimen.

Wachstumsfähigkeit – Bei Samen bedeutet das, dass sie die Kapazität für Keimfähigkeit unter günstigsten Bedingungen besitzen.

Wasserextrakt aus Stevia – Grünliche Flüssigkeit, die produziert wird, indem getrocknete Steviablätter in heißes Wasser eingeweicht werden.

Weiße Fliege – Winzige Pflanzensaft saugende Insekten. Sie versammeln sich meistens auf der Unterseite von Blättern. Manchmal ist Stevia befallen, besonders im Haus. Kontrollmethoden schließen insektizide Seife und natürliche Fressfeinde wie Florfliegen ein.

Bildnachweis

Seite 49: © Heino Pattschull, fotolia.de
Seite 50: © Pillipipa, fotolia.de
Seite 55: © Marcfotodesign, fotolia.de
Seite 56: © Viktor, fotolia.de
Seite 57: © eyewave, fotolia.de
Seite 59: © Jens Hilberger, fotolia.de
Seite 61: © UK, fotolia.de
Seite 63: © Swetlana Wall, fotolia.de
Seite 64: © Christian Jung, fotolia.de
Seite 65, 77: © Tomboy 2290, fotolia.de
Seite 68: © photo25th, fotolia.de
Seite 69: © Nuno Alves, fotolia.de
Seite 70: © yamix, fotolia.de
Seite 72: © Ella, fotolia.de
Seite 73: © Miroslawa Drozdowski, fotolia.de
Seite 74: © Andre, fotolia.de
Seite 80: © felinda, fotolia.de
Seite 82: © Yvonne Bogdanski, fotolia.de
Seite 83, 85, 87: © Tjall, fotolia.de

Ebenfalls in der Edition Lempertz erschienen

Kopfmassage

Ein leicht verständliches und praktisches Handbuch über die alte Kunst der Indischen Kopfmassage und den richtigen Einsatz therapeutischer Öle.
Schritt für Schritt erläutert mit mehr als 275 wunderschönen Fotos und Illustrationen.

Softcover mit Kladdenbroschur,
Format 210 x 280 mm, 96 Seiten
ISBN 978-3-941557-13-0

Kräuterheilmittel

Großer Leitfaden mit traditionellen und natürlichen Methoden der Pflanzenheilkunde, Homöopathie und ayurvedischen Medizin – illustriert mit über 275 Farbabbildungen und Fotografien.

Softcover mit Kladdenbroschur,
Format 210 x 280 mm, 96 Seiten
ISBN 978-3-941557-15-4

Meditieren lernen

Der perfekte Ratgeber, wenn Sie innere Weisheit finden wollen – für erfahrene Meditierende und diejenigen, die noch am Anfang des spirituellen Pfades stehen. Voller einfacher, aber inspirierender Ideen zur Meditation, die problemlos an persönliche Umstände angepasst werden können.

Softcover mit Kladdenbroschur,
Format 210 x 280 mm, 96 Seiten
ISBN 978-3-941557-14-7

Massage & Aromatherapie

Umfangreicher Leitfaden der bekanntesten Berührungstherapien: Massage, Aromatherapie, Shiatsu und Reflexzonentherapie.
Einfache Techniken illustriert in 400 Fotos.

Softcover mit Kladdenbroschur,
Format 210 x 280 mm, 96 Seiten
ISBN 978-3-941557-16-1

je nur € (D) 3,99 / € (A) 4,10 / SFR 6,80